愿你在午夜梦及所爱，

天亮之前有所期待。

醒来觉得还是爱你

大雄 著

JOURNEY
IS THE REWARD

时代文艺出版社

图书在版编目（CIP）数据

醒来觉得还是爱你 / 大雄著. — 长春：时代文艺
出版社，2017.1

ISBN 978-7-5387-5345-5

Ⅰ.①醒… Ⅱ.①大… Ⅲ.①情感 - 通俗读物 Ⅳ.
①B842.6-49

中国版本图书馆CIP数据核字(2016)第294280号

出 品 人　陈　琛
产品总监　郭力家
责任编辑　郜玉乐
项目策划　紫图图书ZITO®
监　　制　黄　利　万　夏
丛书主编　郎世溟
特约编辑　申蕾蕾　袁旭姣
内文插图　小耳牛牛　暴暴蓝　蝈蝈小姐
装帧设计　紫图图书ZITO®

醒来觉得还是爱你

大雄 /著

出版发行 / 时代文艺出版社

地址 / 长春市泰来街1825号　时代文艺出版社　邮编 / 130011

总编办 / 0431-86012927　发行部 / 0431-86012957　北京开发部 / 010-63108163

官方微博 / weibo.com/tlapress　天猫旗舰店 / sdwycbsgf.tmall.com

印刷 / 联城印刷（北京）有限公司

开本 / 880毫米×1270毫米　1 / 32　字数 / 101千字　印张 / 6.75

版次 / 2017年1月第1版　印次 / 2017年1月第1次印刷　定价 / 45.00元

愿你特别美丽，特别平静，特别"凶狠"，也特别温柔

从 2005 到今天，中间隔了完整的十年。

人生有多少个十年？

我总是选择不同的面孔出现在大家面前，所以，这次，我叫大堆，每天深夜和你说话的人，期许你梦及所爱，天亮之前有所期待。

愿你特别美丽，特别平静，特别"凶狠"，也特别温柔。

这是我很喜欢的一句话，也是一句刚刚好的话，不深刻、不矫情、不臆断、不苟且，不加私念的期许，不带诱惑的深情。

或许这个时代，自闭又寂寞的我们最真实的面孔，来自灵魂深处的身体反应，对话着这个世界与平淡无奇的人间。

愿你特别美丽，不仅身体，也包括灵魂。懂爱的女人才高级，说的是懂之后的喜欢与深情，我们选择怎样的距离和态度，对话自己所热衷的一切。

愿你特别平静，说的是气息和心性。宁静才是一种体面，如何面对曾经付出后的结局，如何应对情感的尴尬与无奈，最终明白，一切值得守护的爱，无非不负与甘愿。

愿你特别"凶狠"，说的是果敢与顽强。这是一种来自身体内在的本能，用最轻薄的力量对抗这功利的时代。

愿你特别温柔，说的是原谅与理解。原谅自己的懦弱，理解自己的愚蠢，认知自己的软肋。所谓善意的温柔，不是对他人，而是对自己，我们终究要对自己好点儿。

我在每天和不同的人相遇，
像极了这浅薄而隐忍的一生。

我们在不同时空遇见，说声"你好，再见"。然后等待下一次遇见。

下一次遇见，我们还能认出对方吗？

我在每天孤独的午夜像夜航船，

藏在某个角落眺望这落泪的星球。

花落南山如白驹，相逢只怕来不及。

所以我感谢你陪我听很多的歌，听我说很多的话，当然，听到那句"听歌的人假正经，写歌的人最无情"时，我们就要离开。

愿你特别美丽，特别平静，特别"凶狠"，也特别温柔。

愿我特别笨拙，特别"浅薄"，特别顽强，也特别隐忍。

大雄

2016 年 11 月于北京

/ 我 爱 来 自 全 世 界 的 你 /

目　录
Contents

Chapter 1

找个爱你的人在一起

Chapter 2

看穿一切不爱的套路

Chapter 3

永远保持一颗少女心

Chapter 4

做个高智商女孩儿

Chapter **5**

有趣是一张人生底牌，让我们逆境崛起

Chapter **6**

懂爱，才能看到人间的慈悲

找个爱你的人在一起

Chapter 1

为什么遇到渣男的总是好姑娘

/

1 渣男的逻辑

其实每个女孩儿都是好姑娘啊，不然怎么值得"祸害"呢？祸害，只是缺乏交代罢了。

"我知道怎么交代，那叫友情；我不知道怎么交代，甚至我觉得这辈子都交代不了，那才叫爱情，所以才会念念不忘。"

这就是资深渣男的逻辑，一本正经，让你无言以对。然而这些话根本没有道理可言。

2 为什么遇到渣男的总是好姑娘

人们对"好姑娘"概念的理解是残缺不全的。

好姑娘在世俗的眼中无非就是乖乖女，有着传统的思维、善意的品格以及弱不禁风的玻璃心。虽然不同的人有不同的审美观，但大众对好姑娘的认知依然还是知书达礼、宁静内秀，单纯可爱。这些构成了世人对好姑娘定义的全部。当然还有一些更隐私的，就是好姑娘不随意约。

每次有女孩儿特别乖特别一本正经地端坐在我跟前，跟我说她的爱情观多专一神圣传统时，我都会直接问一句：在你这二十多年的岁月里，你有真正获得过爱情体验吗？

姑娘一般会很不好意思。

这一点让我伤感，一个连自己都不懂的女孩儿，已不仅仅是好坏之分，而是完全忽略了自我成长。你不懂自己，世界怎么取悦你，你又怎么得到全世界的宠爱呢？

3 好姑娘其实未进化完全

不是渣男总遇到好姑娘，而是好姑娘的身体、身心、精神、信念完全没有发展成熟。

从身体层面，好姑娘不了解自己的身体，她们没有任何经历，所以害怕又好奇，对亲密关系的体验是毫无标准可言的。

从思想方面，好姑娘太单纯。单纯是美德，是善的价值观。但好姑娘的单纯却是一场灾难。她们的逻辑很简单，我对你好你就会爱我，所以我为了你可以付出一切。

　　而真相呢？

　　男人会觉得，你对我好是因为我有能力让你对我好。但除你之外我还有别的选择。

　　在精神方面，好姑娘更不可能明白什么叫精神的高贵。她们对男人的判断标准也是不健全的。她们会为外形和行为假象所蒙蔽，什么天天给你买盒饭就表示真的在意你之类。如果你要问判断的标准到底是什么？我可以告诉你一条，那就是真实，不欺骗。

　　在信念方面，好姑娘更是白纸。她们缺乏对未来人生的规划，并且不听劝诫。我经常和她们说不要指望第一次恋爱就能结婚，而她们不搭理我，以至于每次失恋了就来我跟前痛哭。我早说过了，一定不要以为男人是生命的全部。

　　基于以上，我们才经常感慨，好姑娘都被渣男骗走了。

4　我们没理由让自己不快乐

　　我心中的好姑娘不幼稚、不单纯，她们在爱与不爱之间很明确自己要什么。是要一次交流，是要一次陪伴，还是要一辈子的婚姻？她们不会在"你到底爱不爱我"这类问题上纠结不已，不能自拔；她们也不会因为和一个男人在一起而失去自我。

失去自我这点特别重要。你知道你的魅力是怎样一点点丧失的吗？那就是你原本有别人高攀不起的光环，而现在你身陷其中，你被动了，你和他的关系不再对等了。然后你就开始变得黏人、焦躁、犹豫、患得患失，于是你身上连最起码的趣味都没有了。所以，结局显而易见。

我们没有义务服务任何一个失意的姑娘，我们更没有理由让自己不快乐。

5 所有"渣"的实质都是没有陪你走到最后

如果一个男人分手后把人生所有的财富都给了你，他是渣男吗？又例如，一个男人因为自身原因选择了分开，只是怕告诉你他一次喝大了和别人滚了床单，这样的男人算渣男吗？

其实渣与不渣，从本质上讲只有一个标准，那就是这个人最后因各种各样的理由没有陪你走到最后。👑

没有底线的婚姻注定有背叛

1 完好的婚姻对男女双方都是有要求的

我理解的婚姻关系，基础是爱。

对彼此适合并深爱对方的人而言，最遗憾的婚姻无非是：不能陪你一起变老。

法律上的婚姻关系是保护"繁衍 / 生育"，但从人本层面的婚姻关系来看，结婚是为了构造稳定的小型社会集合，以面对未知的未来，以抵抗那些我们未来生命中的不如意、难以独自度过的事。

理想的婚姻关系就像一列永远不停的列车。

像雪国列车一样，仿佛从现在就看到未来，两个人彼此依靠，看着窗外的日照风雪。无论目的地如何，无论方向在哪里，你身边的人一直都在。

在这永不停息的列车中，我们是彼此的动力。

而在这样的婚姻中，有了关于结婚本质的最简洁说明：在婚姻中，让男人更像男人，让女人更加女人。

基于此，一切破败的婚姻都因为男女双方失衡，男人不再像男人，女人不再像女人。

完好的婚姻对男女双方都是有要求的。

2 对男人的要求：担当、勇敢、有办法

站在男人的角度，衡量一切婚姻好坏的标准就是是否负责任，是否对你不离不弃。

靠谱的男人务必了解：如何不躲事？如何有足够的勇敢和耐力去应对未来的一切挑战与苦难？一个有担当能力的男人会明白，"没关系"比"我爱你"更实在，"别担心"比"我爱你"更贴心。

一个男人有担当的责任感，才会明白伟大的爱从来都是赋予你变得更强的动力，让你更加勇敢与坚强。想象你又有责任感又强大，生活自然难不倒你。

所以，在婚姻问题上躲避的男人无疑是逃兵。

至于那些不仅不负责，还利用女人去敛财的男人，是最不值得爱的。

3 对女人的要求：善良、上进、孝顺

善良

很多姑娘问我到底怎样的姑娘才值得爱，外表并不是第一标准，而且我也不看好很多将欲望写在脸上的姑娘。如果一个人真的爱你，自然会发掘出你最动人的一面。

你可能相貌平平，但爱你的人会接受你的一切，并让你更加美好。

而这一切的标准都取决于你的善良。

你是否明是非，有底线？是否知道什么叫"慈悲才是爱""善心才能爱"？

上进

很多人说女人负责貌美如花即可，其实不然。

你不上进，以后就难有共同话题，你会就和你很努力的男人脱节；你不上进，也不会持家，就支撑不起家庭的未来。

讲真，你不上进，万一对方遇到事情，你就完全没有能力帮他。一个无法支持男人事业的女人，很可能就是婚姻关系中提前离席的人。

孝顺

女人作为家庭很重要的一部分，如何看待父母，决定了你如何对待孩子。除了婚姻关系中的伴侣，女人还要担当家庭关系中"母亲"这一角色。

孝顺父母是孩子的一面镜子，它让女人在长久的家庭生活中得到尊重。

4 男女任何一方缺乏底线，都会动摇整个婚姻关系

男人的担当、勇敢、有办法，女人的善良、上进、孝顺，是决定婚姻是否长久的两条金线。

有了金线才有底线，才明白婚姻关系里的包容、宽厚、慈悲与坚守。

完好的婚姻是四个字：不负与甘愿。

我不愿辜负你所有期待，所以我必须做得更好；

我也甘愿包容你的现在、过去以及未来；

金钱、财富只是数字，

人生真正的幸福是千帆阅尽，愿得一人心。

我死心塌地希望你好。

任何一方缺乏底线，都会动摇整个婚姻关系。而很多事后破败的婚姻，都因为开始时没有遵守双方的底线。

当用这个标准去衡量那些离婚事件的参与者，你会发现他们并不满足于完好的婚姻现状，而是一次次挑战对方的底线，以至于在媒体的高度曝光下显得难堪。

在这场较量里，婚姻已经远离了本质，只剩背叛。所以，无论事件的真相如何，我们都应该从最初的自己身上找原因。

5 完好的婚姻没有背叛，只有选择

婚姻是关系，爱是信仰。

在婚姻过程中的两个人，其实没有任何人属于任何人，因为不是从属关系，所以谈不上背叛。

爱是拥有，而不是占有。

谢谢你允许我爱你，谢谢你愿意接受我的请求，谢谢你对我那些不完美行为的包容。

爱的人与被爱的人都因为来之不易的爱而彼此修复和

成长，这一切相遇的幸福与离别的伤悲都警醒我们，必须努力做得更好，才不辜负对方对自己的原谅，才对得起下一次的久别重逢。

然后，我们都开始懂得，我们可以永远地占有对方的肉体，一段时间占有对方的内心，却不能永远占有对方的灵魂。

所以，像孩子一样去爱吧。

婚姻不应该被利用，爱情不应该随意玩笑，情感不应成为阴谋的伎俩。

只有你真的尊重爱的本身，你才能感受到爱的气息：

那些让我们每每回想起来，总会泪流满面的某人；

那些从过去到现在，在"不负"与"甘愿"中不计得失的付出。

婚姻，始终是一场爱的较量。♛

如何在这个世界体面生存？

1

很难想象我在忙碌的工作中抽离两天，去一个海边城市参加哥们儿的婚礼。一直注重效率的我拒绝了飞机，选择十二小时的硬座。当然，我是故意的。

三十岁回想人生，是清空还是深化，总是让人含混不清。在忙碌的工作中，我似乎从来没有主动慢下来，我是如此好胜，争分夺秒。

我如此笃定，是因为我特别想回忆少年的时光。就像从北京到成都坐一列绿皮火车去看一个姑娘，也像当初从广州跑去上海，最后选择了"北漂"生活。火车摇摇晃晃，你倚靠着窗，窗外废弃的高楼有零星的灯火，那里住着未眠人。

我的另一个伙伴从长沙飞往徐州，然后从徐州到日照。

他在火车站等我，等我到达。

下火车后，我们相互问好，找小馆吃饭。小伙伴却被隔壁店铺的一个小男孩儿围绕，如一对父子。我笑着说，把我们三个人对婚姻的理解拼凑在一起，再设计个十二小时的旅途故事，就可以做一部电影了。

小伙伴笑笑。

我又说，我对婚姻的理解是浅薄。他说，我对婚姻的理解是知足。

我解释说我认为的浅薄不是肤浅，也不是辜负，而是不需要太甜蜜，也不应该太冷清。

他笑笑，说开心点儿，别忘了我们是参加婚礼。

2

婚礼在游艇码头的蓝海酒店。

两个男人坐在靠海的房间，推开窗，看到一片海。海上是日照钢铁的游艇。

我们两个人谁也没有说话。我一直安静地处理工作，朋友则睡了一觉。

日照的时间变得无比漫长。哥们儿在准备婚礼，我们不应该打扰。于是，打车去日照最繁华的地方，结果出租车司机把我们带到了大润发商场。

我们走在路上，是夜晚的集市，看着一张张单纯的脸，我想起了宜宾，想起了很多小城市的日常。

不知从何时起，我开始害怕过于平静的城市。它让我如此不安，以至于我总怀疑它平静背后的兵荒马乱。我特别想让城市躁动起来，也许经历过阵痛、苦难与逃亡的城市才足够顽强。

3

我们在繁华的道路寻找小吃店。结果发现一家哈尔滨酱骨，一家东北大骨棒，一家湘菜。小伙伴笑了，去了日照，吃的竟然是湖南菜。

我们坐下，对面是两个公务员。他们比我们大几岁，喝着五粮液，聊着单位的是是非非，探讨着未来职场的规划。

我和小伙伴说，如果我们当时不是一意孤行离开家乡，会不会和他们一样？

或许我们都错了。我们逃离家乡是不对的。其实我们应该把学到的东西带回家乡，这样就不会有孤独的父母，以及随年代老去的小市镇。

我抽着烟，无比唠叨。你说，为什么我们不回去呢？

我经常在梦中哭醒，总是梦见小时候……

小伙伴抽了根烟，感慨地说，我们都很难啊，很难才从城市里出来，大概不希望自己后代重走自己的路。

我哑然。

4

因为哥们儿的婚礼，我第一次因私事来日照。

我的好哥们儿一直做慈善。记得有次他找我，说大雄，你有没有认识的人可以资助我去一趟西部，这样我就走遍整个中国了，我已经走完三分之二了。

他一直在做中国白血病的公益活动。每到一个地方，他都感慨得可以大醉一场。

他总是很沮丧地跟我说，大雄，你知道吗？那些得了白血病的孩子，通常不是一个人受苦，而是连累了一家人。

我哥们儿的媳妇在广州做市场推广。她本来有安定的生活和稳定的收入，突然一天，她从广州跑到北京，跟着我的好哥们儿一起去做公益。在艰难的公益路上，他们更加了解了对方。

他们一直坚持走完整个中国才结婚。别人的婚礼是浪漫的片段，他们的婚礼，是一起做过的公益活动的记录。

我找不到什么词去描述这样的爱情。

我唯一能做的是，务必放下一切工作事务，花费十二个小时车程去参加他们的婚礼。我把这当成一种仪式。

5

在婚礼的现场，在说出一个"我愿意"，以及另一个"我愿意"的片刻，作为才华横溢却没有红遍中国的段子手，我的好哥们儿宣读以下发言。

谢谢诸位长辈、家人、朋友前来参加我的婚礼：

首先，我要谢谢我的父亲，我从小就梦想成为他那样的人。他是一个农民，也是一位非常朴素的父亲，从来没有给我描绘过理想的山水风光。在我三十多年的生命里，虽然跟他相处的时间加起来不超过十五年，但我要感谢他为我塑造了最基本的道德观、价值观，那就是不要做坏事。这才是最重要的。

接下来要感谢我的岳父和岳母。你们的慈爱与关怀，让我体会到了这个世界上的另一种幸福。于我而言这是一种前所未有的珍贵体验，谢谢你们成全了我对这个现实世界所有美好与幸福的追求。我会好好珍惜这来之不易的一切。

最后，感谢我的夫人。我们因为有相同的价值观走到一起，你让我体验到了生命中最简单质朴的快乐。这是一种理想、明媚、几近不朽的体验，让我知道了自己该如何在这个世界体面生存。你那么美丽，却笨手笨脚，我想一辈子都对你好。

我和小伙伴听到"该如何在这个世界体面生存"时就笑了。

记得前天夜里，我们在湖南菜馆吃饭时，小伙伴问，大雄，你有没有想过为什么我们一直努力却不是特别有钱。

我说，我们太苛刻，又太矫情吧。

他说，是我们"道德底线太高"了。你知道吗？我认识的很多做代理的，就在北京租一个公司，布置得很奢华，假装自己在卖一些高大上的产品，吸引三四线城市的人去加盟。有些人一辈子的钱都搭进去了，而那些公司把最次的货发给他们。被骗的人去他们的公司评理，他们就说前公司跑路了。其实没有，只是换了个招牌。

我说，这个，我们的确做不到啊！

小伙伴也说，我也不能，我有孩子。

这就对了。我们都应该在意，在意如何在这个世界体面地生存。♛

像爱女儿一样爱你的女人

1 女人都是需要爱的孩子

我不知男女之间有什么好争的，两口子吵架、女人不开心、婚姻不好，大部分是男人的问题。

女人都像孩子，不要和女人讲道理，这句话不是在批评女人，而是说每一个女人都是需要爱的孩子。对天真无邪的孩子而言，没道理可讲，你能给的只有爱。只有在孩子感觉到开心后，她才有可能把你的话听进去。

2 "对不起"和"没关系"

我女儿喵喵三岁时，开始喜欢画画，或许是家里放了很多画作的原因。以前，女儿是把我的巨幅作品当成拍照背景。只要她穿上裙子，就让大家给她拍照。她曾经把拍出的照片贴得满墙都是。

　　喵在后来发现原来那是画，然后就开始自己拿笔画起来。有一次，我画画，她就钻到我跟前，让我抱着她，陪她一起画。她就在我那张画下面用水彩笔和蜡笔画。我担心她会影响作品，就让她用水彩，我用丙烯。我打算让她随便画，然后我再用丙烯去掩盖。

　　在画画的过程中，我的一大坨丙烯不小心滴到她脸上了。我说："宝贝对不起。"她说："没关系。"

　　我在洗笔的时候，不小心把水弄到她手臂上，我说："对不起。"她说："没关系。"

　　我挪动位置时，一脚踩在她的脚背上，我说："对不起。"她说："没关系。"

　　于是那个漫长的午后，我和她之间就经历了一次次的"对不起"和"没关系"。我是个不负责的父亲，我很少陪喵，我甚至不知如何面对她。其实我是没有做好任何教育她陪伴她的准备。但那天下午，我们玩得很开心，她甚至让我假装不小心撞到她，她好对我说"没关系"。

平平静静地等待，简简单单地去爱。

3 平平静静地等待，简简单单地去爱

在她的世界里，一切都没有伤害，所以，她会很乐意去说"没关系"。

她会让我联想到世界上最朴素的情感：平平静静地等待，简简单单地去爱，每次遇见都像孩子一样毫无保留地去爱。

女儿像一面镜子，让我看到成年人之间的苍白与无力。

在我们分秒必争抵抗世界的今天，我们对自己爱的人总是要求过高，总是很容易把生活机遇的不如意放到对方身上。我们看似美好的爱情充满了随机释放的抱怨。我们总是对爱的人抱怨，总是和爱的人争吵，甚至我们越爱对方，越认为对方必须了解自己，最后很容易和对方吵架。

热恋中的男女好像都进入了一个迷局，我们太容易忘记相爱最初的那一份心动，我们总是为不要紧的事争得头破血流。

这样的感觉让人无比悲伤，热恋中的男女在挣扎，厮杀，战斗，争论谁对谁错。我们抽烟酗酒，我们自我放纵。最后，在一瞬间，我们才明白：只有当我们清醒的头脑彻底麻木后，身上最谦卑与隐忍的初心才复苏起来。那些双方责骂得头破血流的我们，是否想起最初的自己多么用心地爱过对方？

4 "没关系"比"我爱你"更重要

我们发现，"没关系"比"我爱你"更重要。

成熟的男女需要的真不是时常放在嘴边的一次次我爱你，而是很多时候的"没关系"。

她从香港飞过来，想起你爱吃的烧腊，特意排很长的队买到香港最好吃的烧腊，最终耽误了飞机。你给她准备了夜晚和朋友派对的全部，你所有朋友都出现了而她缺席了，她在电话那头忐忑不安，哭成泪人。这时候，你需要对她说一句"没关系"。

想到常年出差的你终于要回家了，她早上5点就去菜市场挑排骨煲汤。她设定了时间，却因为公司加班没来得及回家，结果把锅都烧煳了。你回家后以为火灾，准备打电话质问她没记性的时候，你更需要说的是"没关系"。

你提前三个月向老板请假，为她精心准备了7天的欧洲假期，从来不做计划的你做了完整的攻略，你甚至打听了她最好朋友的地址，你甚至问了她的初恋她十六岁的愿望。结果却因为她出来时太匆忙忘带身份证而无法登机的时候，你需要说的只是一句"没关系"。

5 有一个愿意为你付出的人就足够了

所以很多时候，爱的过程充满了变化、插曲和意外。

在每一个措手不及的意外瞬间，我们都应该学会说"没关系"。因为眼前的她是你最爱的人，是你的肋骨，是你生命存在的全部意义，是填充你灵魂的那种真实。

在每一次突发状况时，其实对方比你更着急，她能感觉到彼此的用心，她也在为爱尽心竭力。所以，在每个我们吐槽狗血状况的瞬间，我们都要想想，那又怎样？有一个愿意为你付出的人就足够了。或许爱的历程不如原计划那样的顺利，但是，没关系。

热恋中的男女其实谁都比谁认真，所以越是过于在意的事情越容易出错，我们在真爱跟前总是和孩子一样笨拙和忐忑。

所以，不要去责怪对方，也不要说过分的话去伤害对方。毕竟，在爱的路上，其实谁都不像自己说的那样不在意和无所谓。这时的一句"没关系"才是对彼此爱的宽待与包容。

年轻的爱情总是说，我曾爱过你，想到就心酸。

年老的爱情记得说，深知你爱我，一切没关系。👑

聪明的男人会给她 200% 的爱

1 女人容易被看不透的渣男吸引

每次有人问我，渣男怎么会有姑娘喜欢时，我都会轻描淡写说一句：嗯哼，因为渣男让别人看不清。

在这世界上，人们都马不停蹄地为看不清的东西买单，股市、艺术品、成功学、比特币。人们愿意为看不明白的事买单，女人容易被看不透的渣男吸引。

其实很多时候，渣男之所以成为渣男，都是因为青春年少犯了错，这导致很多人对他的人品评价出现了偏颇。所以，渣男不等于不是好男人，同样的，暖男也不一定不是心机 Boy。渣男与暖男并没有绝对的分界。

只要有担当、对姑娘好就是好男人。而这样的男人都愿意给姑娘 200% 的爱，即使做不到也会把它当作目标。

2 物质上的 200% 就是把你拥有的所有都给她

200% 的爱首先是物质上的，我也曾做过很多很傻很可爱的事，例如买东西时尽可能选最好的。我觉得无论未来爱或不爱，至少此刻是深爱对方的，那就尽一切可能把单一时间点的最大物质给她好了，哪怕最后身无分文时从头再来。

我是鼓励身边哥们儿把银行卡给姑娘的，我也是鼓励离婚的时候男人净身出户的。因为她的青春只有一次，并把最好的年华给了你，你还有什么理由不把一切物质都给她呢？

最悲伤的爱情莫过于"我等了你一辈子，等你像从前那样爱我，但我知道我等不到了，而我最美的一生也已经失去了"。所以，当女人需要物质时，男人咬着牙也要做到，因为她是你的爱。

3 精神上的 200% 就是你要做自己，也要让她做自己

我年轻时遇见一个很漂亮的姑娘 S，现在在英国皇家艺术学院当导师。

我们快十年没见了。

她第一次见到我时还只是偶尔客串《瑞丽》的模特，没签约的那种。我那时给《花溪》做一些插画，和她在一次朋友聚会上认识。那时我们的日子过得浑浑噩噩，她是那种我高攀不起的家庭里的女孩儿。

但那时候很巧，我喜欢的姑娘刚好和木玛乐队的贝斯手在一起了。在那个莫名其妙的季节，我和 S 竟然在一起了，而且是那种特别纯洁的恋爱。我特别害怕被她爸"追杀"（当然现在不怕了），我面对她时连手都不敢牵。

我记得当时对她说："我觉得我挺喜欢你的。"

她问："为什么你这么说。"

我说："我觉得我可能是对你最好的男人。"

她笑了，一点儿都不相信："很多人只看到我的外表、我的身材、我的脸。你看到了什么？"

我回答两个字："潜力。"

她喜欢画画。配色很蒙德里安。在 12 年前，这样的颜色搭配确实让人惊讶。

我看过她的作品，很稚嫩，却可以看到画背后的逻辑。

这样的感觉太可怕了，任何一个艺术家当前画得好不好不一定，只要他们有成熟的哲学系统，就能像在历史上竖立一面旗帜。

所以我鼓励她去学艺术。她一点儿都不自信。我就跟她打赌，我说："你去报名英国皇家艺术学院，你现在画得不好，不等于以后画得不好。一旦收到 OFFER，你就勇敢去做艺术。"

后来，她果然收到了 OFFER。我就这样送走了我纯真的姑娘。

她也的确很争气，后来就顺理成章留校了。我在国内再也没见过她。她是为艺术而生的人，现在她的作品已经很了不起。至少，我已经跟不上了。

4 聪明的男人会给她 200% 的爱

很多人遇见爱情，都只是爱姑娘的现在，或者爱自己想象中的她。这样的情感其实最容易失望，也最容易进入幻觉。

所以，真正对姑娘 200% 的好与爱，就是连同她的过去一并深爱。

　　过去十年，我经常做的傻事就是买一张火车票或者大巴票去她出生的城市走走，什么坐四十八小时从北京到成都，坐五十三小时从北京到上海，当然也坐十二小时的大巴从北京到青岛。我特意不坐飞机，就是想把思念的路程和时间一同放大。我甚至会买站票。我知道：爱是磨难，需要我们去体验才会刻骨铭心。

　　我会突然出现在她出生的城市，走她小时候走过的路。运气好的话，或许还能提前认识她的小学同学和初高中同学，知道她小时候喜欢在路边发呆吃冰棍和在马路牙子玩蚂蚁的细节。我甚至会见到她的初恋，在面对她初恋时，我既不紧张，也不吃醋，更不计较。

　　当我听到她年轻时的故事，看到她过去的照片，我都会很开心地笑。我觉得了解一个人的过去是一种幸福，当然也会从心底生出一段悲伤，例如知道她曾经爱过某个男人的林林总总。

　　经常有人说，最爱一个姑娘的男人应该是她的爸爸，而我认为男人给女人200%的爱就是重新像一个父亲一样回看她成长的脉络，理解她对事物的看法，明白她的世界观。

　　200%的爱不现实，但它至少是一个真心实意的目标。

看穿一切不爱的套路

Chapter 2

分分钟辨识渣男的五个维度

1 看人的能力

确实不知道如何教大家防渣男，因为我无法切入你们的命运、机遇和情感历程，所以，我只能告诉大家如何评测渣男。

防渣男，要求女性有看人的能力。

那么，我们一般是怎么看人的？

2 看人的本质离不开艺术

我喜欢用艺术的维度去解答很多社会问题。我所有的生活技巧、待人接物、判断事物以及对未来的感悟，都是通过艺术自我学习的。

看人确实得从艺术说起。我想起在英国伦敦国家肖像画廊的完整周末，我几乎看完了里面所有的肖像作品，其中包括拉菲尔的原作。

拉斐尔有一张很重要的作品，那就是他所画的《巴尔达萨雷伯爵像》。在画像中，拉斐尔通过高超的技巧，完成了五个维度的刻画："具体的人""身体语言""内心世界""社会形象"和"未来生存"。

当我们立足画前，首先会看到一个具象的人。整个画面没有过于复杂的颜色，黑色的带有质感的皮衣加上天鹅绒的光滑（用笔轻薄）还原了一个人物的本身；左侧前倾的身体语言，形成自信、平稳的正三角构图，强化了作为公职人员的公允和严肃，但并不影响他此时愿意在画家跟前保持亲切、坦诚的态度……

你随便选择一个观察点，就可以指导社会层面的很多事，也可以用观察艺术的一些方式去观人、辨人。对男人而言，你至少可以不成为一个渣男；对女人而言，你至少可以通过一些观察方式去屏蔽一些渣男。

3 判断渣男的 5 个维度

事实上，很多很傻很天真的姑娘遇到渣男的原因都是在开始没看清他的真面目。

第一个维度：具体的人。

眼前这个男人，他是否有独立思考的能力？他出现的意图是什么？他是否拥有独立的思考？他是否知道自己真实的需求？在这样的需求上，你为什么吸引他？

一个过分自私的男人是不值得爱的。一个没有完整人格的男人，一个有性格缺陷的男人往往危险很大。

第二个维度：身体语言。

在身体语言中，没人可以隐藏秘密。

在我看来，身体是一个空间概念，里面装着思想和灵魂。身体也包含理智和情感，而身体反映出的细节就是天使和魔鬼角逐的产物。

我看人就三个点，一个是眼神，一个是手，一个是呼吸。眼神飘忽，对方可能在撒谎或者是比较滑头的人；不敢直接和你对视，基本是害羞软弱的；不停眨眼，紧张或是没有想明白。

至于手，手部动作反映了他内心的活动。通过手的动作和眼神关注的地方是否一致，判断一个男人是否真实可靠很容易。

此外，在交流中他的呼吸也很重要，可以由此观察出他是沉得住气的，还是急躁鲁莽的。呼吸、心跳，最终都会让他身上所有的秘密释放出来。

通过身体语言找到对方在交往前的真实状态，是判断渣男的第二个方法。

第三个维度：内心世界。

对每个人而言，在快速的时间反应中，人往往做不到100% 完美。而我一般习惯用各类方式去试探对方的冷静。

我会说好听的话，放大他的惊喜与感叹，但同时我也会瞬间打败他的自信，我想看到他所谓忧伤或沉思的内心写照。通过这样的试探，你完全可以推断出他在未来的日子里家暴的可能性；你完全可以看出他的脾性、品行，以及他最后的底牌。很多姑娘谈恋爱后天天被家暴的原因就是，根本不认识这个人的真面目。

第四个维度：社会形象。

他对社会是怎么理解的？

他对社会的理解决定了他自我价值的呈现，以及自我和社会的黏合度。

所以在判断一个男人是否是渣男的时候，在社会形象方面要六问：问问他怎么理解父母；怎么看待朋友；怎么看待职场；怎么看待上司；怎么看待同事；怎么看待自己的社会能力。

别以为这很简单，六个问题基本就可以判断他能否在关键时刻靠得住了。一个天天嘲笑同事、诋毁上司、无心工作、自以为是的男人永远都靠不住。很多姑娘不从这点思考，结果婚后发现男人简直不堪一击。

第五个维度：未来生存。

他是潜力股吗？他是否能应对未来？

如果你真的是认真去挑选一个对象，那么就要考虑很多现实的问题：未来你们的日子怎么过？

虽然我们内心都有一个不愿长大的孩子，但未来的确很严峻。恋爱只是第一步，剩下的是考验彼此是否有能力去对抗未来的不确定性，生老病死、飞来横祸、人间冷暖。

所谓好的开始，就是提前把问题考虑到。

聪明的姑娘一般会编造很多不幸和过去去考验对象的承受能力。而一部分高智商的姑娘还会用未来的世界是怎样的去考验对方。我特别欣赏这样的姑娘，她们关注面博大而宽广。

其实"具体的人""身体语言""内心世界""社会形象"和"未来生存"五个维度对应的是一个人的完整人格、真实状态、内心底线、社会价值和未来潜力。要分辨渣男就要从真正过日子的角度去评定。

然而，我说了那么多，你也不可能完全屏蔽掉渣男。爱情有时就是命，躲不起，看不清。👑

愿你特别美丽，特别平静，特别"凶狠"，也特别温柔。

为什么你总感觉女友会出轨

1

如果是一个姑娘问我，为什么我老觉得自己男人会劈腿，我觉得可以理解。因为，女人失去和付出的远比男人多。女人爱一个男人，才愿意忍受痛苦。发生关系之后，会更在意对方、爱对方和害怕失去对方。

当一男人问我为什么他总觉得女友会劈腿，我第一感觉是，你不自信。

当一个男人怀疑自己女人劈腿，那你们迟早有一天会同床异梦，各自告别。所以，男人千万不要怀疑自己的女人，这真的会让你坐立不安，焦虑无比。你越怀疑越像，越像就越怀疑。然后，你就真成"怨妇"似的天天和身边朋友说自己女友有多不好了。

2

为什么一个男人会怀疑自己女人会劈腿?

世界上有很多事叫庸人自扰。

谈恋爱和结婚不一样。在谈恋爱的时候,你必须放松,只有放松才自然。不强求、不勉强、不控制,这才是你要做的。

在这个世界上你根本抓不住任何东西,更别想控制什么东西。况且,爱情是多么美妙多么脆弱多么需要保护的事啊!在谈恋爱的过程中,一旦你想要控制对方,就会让两个原本平衡的人之间产生倾斜。你们的天平一定是颤抖的。

所以不要考虑自己无法控制的事,只有当你尊重一个灵魂的选择,你才能看到她的美。当她毫无保留爱你的时候,你除了珍惜,还是珍惜。

你参与其中,务必愿赌服输。

爱情有时候真的挺让人头疼的。

当男人问我这个问题时,我会心疼这个哥们儿。我觉得,他挺爱自己女人的,不然就不会向一个陌生人问这样的问题了。但这个问题又恰恰反映出他的脆弱。他和世界上很多人一样，因为自己弱，才会觉得被人欺负。他不自信，所以才会怀疑自己女友会劈腿。

爱情就是这样的，如果真是奔婚姻而去的爱情，两人都需要同步发力，这太难了。实际的情况永远是：其中一方爱另一方更多一点。

所以千言万语，无非甘愿；百般用心，只为不负。

如果你真的爱你的女人，你就应该展现出你强大的一面。至于如何强大？就是靠谱、不躲事、勇于担当。剩下的，你只要由她而去就好了。只要你足够强大，就没什么可怕。你不会害怕失去她，你也不会计较她拿别的男人和你比较。因为你十分确信，世上再也找不到哪个男人比你对她更好。

因此，就让她身边的那些男人随风去吧。既然我们改变不了任何人，那就做好自己，相信生活总有最好的安排。

爱是一次饲养，如果你控制不了她，就不要开发她。

说一个听起来很残忍的故事。

当男人问我为什么他总担心自己女友会出轨时，我第一反应除了觉得他不自信之外，我还觉得是他自己搞砸了。

所以我立马就问了一个我早就猜到答案的问题。我问他：你和你女朋友是不是很能玩？

他回答是。

如果你希望找一个保守安分、可以持家的女人，那就要讲"礼节"。你要开发她，就要 Hold 住她。

一切外在的快乐是短暂的，内心的情感才是恒久的。

3

我的朋友小 P 是一个特别帅气的年轻人，很瘦，也很斯文。他有一个青岛的女朋友。

夏天的时候，女友从青岛放假来北京，我们就一群人去三里屯喝酒。

他女友那年十九岁，我们忐忑不安地带她钻进了酒吧。而他女友从来没有去过酒吧，很好奇。重点是我们其实不知道她虽然是财经系的模范生，但她全家都是跳舞的……

然后问题来了，两杯酒下去后，她走到了舞池中央。因为那是夏天，她穿得很少，再加上她身边围着一群男人，所以整个画面很诱惑。

我们看着她在舞池上跟着节拍跳舞。她跳得很自然，很优雅，但同时也很妩媚。

我们几个哥们儿在边上起哄鼓掌，很兴奋，觉得小 P 同学的女朋友真不错。

我们还在开心呢，结果小 P 同学竟然冲了上去把她拽了下来！

当时我们就震惊了。

我是在那一瞬间突然觉得自己根本不了解小 P，甚至不了解我自己。如果我是小 P，我可能也会这样做。因为那个女孩太美了，还有一种和她年龄不对等的性感，这注定是一场灾难。

但我很快理智起来，我喝了剩余的科罗娜，跟小 P 说："我懂你，但是，如果你真的在意她，你就应该站在她的身边和她一起跳舞，而不是和我们一起远远地看着她。"

故事发生在 2009 年，我偶尔会想起来。它始终在提醒我，你最好在确定自己可以 Hold 住一个女孩的灵魂时再去爱她，以免她在你面前展现出全部的自我时感到恐慌。👑

真正的爱，是从不给对方添麻烦

/

1

H 小姐从米兰回国看我，在烟袋斜街的酒吧里姑娘一杯接一杯地喝幼稚的长岛冰茶。我原本以为她会点莫吉托这类少女薄荷系的酒，结果她竟然将不痛不痒的糖水酒往肚子里灌，老实讲我真有点儿担心她的身体。

她是我在艺术创作上的敌人。她喜欢超绚丽的色彩，而我喜欢冷抽，我们两人在艺术创作的立场简直水火不容。

H 小姐在我跟前感慨：你知道吗？我去米兰后特别想你。我遇到的那些男人特别照顾我，特别绅士，所以我特别想你。

我当时弄不清她的话是表扬我还是埋怨我没心没肺，所以我也很应景地点了支烟。

她说：你知道吗？我去了米兰后才发现其实自己和你在一起才最舒服。

她这一句才让我明白，她想表达的意思是，我和她相处的时候让她很放松。

2

我一直觉得爱情必须是放松的，就好比当一个姑娘穿着高跟鞋跑到酒店找你时，你千万不要急着宽衣解带，最好给她沏一杯怡神养颜的水果茶或者一小杯新世界的红酒，让她稍微放松点儿。

真正的爱情一定不能勉强，要顺其自然才能水到渠成。很多哥们儿哭着和我说他们的爱情如何如何瓦解时，我都会发现其实爱情不是自己死亡的，而是他们自己作死的。

这些男人特别不自信，不信任自己的姑娘，想天天把姑娘捧在手心里。他们既不懂爱情的规则，也不懂如何处理情感的节奏。

很多男人一开始就出现了致命的错误，给对方太多压力，以至于爱情也随之变味了。

3

这故事发生在前天，原本可能是美好的故事，却被男孩儿搞砸了。

今年春节的时候，一个男孩儿为了追求喜欢的女孩儿，独自一人跑到陌生的城市去了，就是为了告诉女孩儿他来了，他有多喜欢她，又多么有诚意想要娶她。

这个男孩儿去了女孩儿的城市后，一直在城市游荡，而此时所有的人都在吃年夜饭，看春晚，放鞭炮，其乐融融。

跨年钟声响起，烟花不停在空中绽放，这么一个阖家团圆、热热闹闹的夜晚，他一片凄凉。

这个故事是女孩儿跟我讲的。

她不怎么喜欢这个男孩儿，也不认为这个男孩儿到底做得有多感人。她只是认为如果爱一个人真的爱到骨子里、爱到生命里、爱到梦里、爱到身体发肤毛细孔真皮层，那么他一定知道她爱什么、喜欢做什么、想去哪里、最缺什么、想要什么。

整个春节，姑娘一直为他的安全担忧，他们的爱情还没开始就彻底枯萎了，因为女孩儿只是想让他赶紧离开。

他应该和自己真正的亲人团圆过年。在一个陌生的城市，在这样重要的节日里，一个人游荡不是真爱，而是无知。

女孩跟我说，这个男孩儿给她制造了很大的麻烦。

一个大插播，后来连她的父母都开始担心这个男孩儿了。

一个原本好好的春节，一开始就悲剧了。而这个看似很浪漫、奋不顾身的故事，在我看来是很幼稚的道德绑架。

4

当面对爱情时，你需要的不是同理心，你甚至不要以为同理心是你的武器。一个能找到好姑娘的男人不是因为他多会运用同理心，而是因为他足够的知情识趣。

知情识趣是很少有人可以真正做到的。绝大多数的男人都太主观、太着急、太自以为是了。

先说知情吧，你要了解对方现在是不是真的有心情和你谈爱情？她可能家里正遇到急事，她可能刚好这几天不开心，也可能工作上遇到问题，或刚结束恋情等。

如果不确定对方有好的心情，如果不确信现在是谈恋爱的最好时机，那为什么要强迫别人直接面对你的表白呢?

　　有了知情，才能识趣。你要知道她喜欢什么，她最开心的事是什么。

　　如果遇到天秤座你非要约人家去汽车旅馆你就死定了。神圣的天秤座对恋爱场地的氛围是最重视的。

　　所以，真正打开一个女人的心扉，不是你能鼓动身边多少人去道德绑架对方，而是用你百分百的投入去感知对方的喜怒哀乐。如果你真喜欢一个女人，愿意和她走一辈子，那么你必须记清楚了，一开始就要懂得温暖体贴。

5

　　说到爱情的道德绑架，我身边有两个姑娘遇到这样的问题。

　　一个姑娘的前任一直很花心，戒不了身上的某些陋习。可那个男人为了让对方觉得自己很爱她，就给她买了豪车和豪宅。

　　结果呢，那个姑娘一个人住在四百平米的房子里感觉跟坐牢一样。姑娘常跟我抱怨说，好想把房子处理掉，一分钱都不想要。

这样的道德绑架，就是物质层面的道德绑架。

而另一个姑娘已婚，目前有一个宝宝，宝宝很健康，也很可爱. 但她的男人在她怀孕的时候出轨了。

毕竟出轨的事很难让女人接受，所以姑娘春节去了苏黎世散心，她需要一点儿时间来寻找自己。到了苏黎世，她以为自己找到了可以呼吸新鲜氧气的空间。结果她的男人竟然空降到苏黎世，据说还在朋友圈拉着一帮亲友团向姑娘发去各种问候劝慰。

我特别理解这个男人的心情和想法，但是，他这样做是要把那个姑娘逼上绝路啊！为什么不能给对方一个空间呢？为什么一定要走到别人不想被打扰的内心深处呢？这是比物质上的道德绑架更让人发指的侵略。

请你务必记得：每个人都有那么一寸柔软，那个地方是属于灵魂本身的，和任何事情都无关。如果你真的在乎一个人，请尊重她的那一寸柔软。

爱是克制，而克制在一场爱情开始的时候要比付出更重要。千万不要一直骚扰那个你喜欢的姑娘。你越爱她越应该默默等她。在这个世界，人活着都很累，况且爱是永远勉强不得的。👑

爱就是不等，一切等待都是不够爱

1

我特别害怕听漫长的故事。

尤其是爱的等待。

我不认为"喜欢就会放肆，但爱就是克制"是绝对正确的，也不认为"我相信爱情，但我更相信自己等不到爱情"是绝对合理的。爱没有斤斤计较，爱也没有得失权衡。

爱是一个动词，爱就是毫无理由，横冲直撞，正如《真爱至上》中小男孩儿所说的："世界上还有比爱更让人难过的事吗？"

如果没有，那为什么不享受爱的过程？

我曾经欣赏那些愿意耐心雕琢自己、愿意等待机会、极其享受暗恋过程的人。对他们而言，暗恋的不确定性反倒能成为持续的勉励，让自己变得更好。

暗恋是另一种自私，

沉寂在暗恋里的人到最后都是悲凉的。

但现在，我会反问他们一句：然后呢？结果呢？

那些沉寂暗恋过程中的人，没有和心目中的人在一起，有的甚至没有机会保护或照顾好自己心爱的人。他们口口声声说自己多爱对方，而事实上自己与对方的生活一点儿关系都没有。

这样的暗恋是另一种自私，沉寂在暗恋里的人到最后都是悲凉的。他们既没有拥有过真正的爱，更没有让自己的爱得到最终的检验。

2

比起小心翼翼的单相思，我更热衷单枪匹马"掠夺"真爱的故事。虽然故事里的人看似很傻，但他们才是真正的盖世英雄。

例如小 A，单枪匹马骑车去西藏收集不同人的鼓励，只是为了让自己的女神接受自己的表白。虽然故事结局并不好，小 A 的西藏环游纪录片最后成为女神婚礼上循环播放的 MV。

这种"女神结婚，新郎不是我"的闹剧看起来荒唐又可笑，但小A一点儿都不难过，用他的话说："我喜欢的那个人知道曾经有一个人如此爱她，她就是富足的，并且，给她的男人一个警醒，让她的男人好好爱她，不然，我会第一时间抢走她。"

小A每次说这话时都很幸福，幸福得我巴不得直接把啤酒浇到他头上。但我转念想，这或许就是爱的力量吧，在你付出的过程中，有很多事早已超越爱的本身。

当然，小A的故事也充分论证了：

生活真正的残酷之处在于，看上去两三步的距离，也许一辈子都走不完。

而生活的迷人之处恰巧反过来，一辈子都走不完的距离，却能给你一种看上去两三步就能到达的错觉。

总之，它有时像诱惑，让你自信前行。

一切奋不顾身都源于爱的幻觉，人在无须等待的爱中付出，获得满足。

这或许就是"爱不要等"的美好。

3

我不看好一直等待的原因在于，"等"这个事情，对双方都不公平。

如果你爱一个人，不妨看准时机时间去表白，因为爱很难预料，就好比没有人能计算一个模式的成功一样。爱必须在表白之后，得到对方反馈后二次争取，多次修正，方成正果。

对于不看好沉寂于等待这件事，有以下三个原因：

第一个原因，连对方态度都不清楚，盲目沉迷在暗恋之中，既是对自己时间成本的浪费，也是不够看重自己生命中的真爱。

第二个原因，只有传递出信号，对方才能知道，你才有机会获得回音。一切选择沉默的人，无非是害怕被别人拒绝而已。而一个害怕被拒绝过的人，根本不可能遇见真正的爱情。

第三个原因，如果对方也喜欢你，却因你的犹豫不决和双方的猜谜语错过了，那样真的很可惜。

4

勇敢表白爱，才是爱情的起点。

爱是漫长的练习。

爱情中的男女都太脆弱了，他们或许还不明白爱的本质。

其实，爱和创业特别像，是一个不断尝试、试错、修正的过程，也是一个学习接纳对方，让对方融入自己生活的过程。爱不是等不等就会来的，爱是自我与伴侣的情感能力的修炼。

也有很多人坚持等待爱情，一直处于观望阶段，期许遇到更好的，但他们所强求的那种100%完美是不存在的。

爱就是重复地修炼。

一如张小娴所说："幸福就是重复。每天和自己喜欢的人一起，通电话，旅行，重复一个承诺和梦想，听他第二十八次提起童年往事，每年的同一天和他庆祝生日，每年的情人节、圣诞节、除夕也和他共度。甚至连吵架也是重复的，为了一些琐事吵架，然后冷战，疯狂思念对方，最后和好。"

5

我一直坚持的信条是：迟早要做的事，早点儿做。

你看准时机勇敢表白，为后面的一切故事赢得缓冲时间。

"迫不及待"在爱情之初是一种美德。一拖再拖只会让你逐步失去对方。在恋爱的过程中，你会逐步发现对方更多细节，更多美好，又或者你会发现更多问题，质疑自己当初的眼光，开始期待更好的人，然后走入更适合自己的婚姻。

所以，无论爱情还是创业，想好了，就去做。

还记得马尔顿说的那句经典名言吗？

"应将拖延当作你最可怕的仇敌，因为他要窃取你的时间、品格、能力、机会和自由，而使你成为他的奴隶。"

爱一个人，不丢脸，也没什么可害怕的，不要因为爱一个人而感觉到自卑或不好意思。我们总对未知的未来感觉到恐慌，就是因为我们无法把握它。但这不恰恰是未来的精彩所在吗？

一切不确定的事，都让我们充满了好奇和希冀。

　　我曾听过关于爱的最好的描述，这段话是"二战"后一个退伍军人重遇初恋时所说的：

　　"感谢上天，能再次遇见你，是我人生难以重复的命运安排，哪怕透支所有运气也不足惜。

　　"这么多年来，每次看到你，还是会情不自禁爱上你，你让我如此知足、富有。

　　"这么多年来，我一直在想你，我再也不想经历第二次战争了，我再也不想再次失去你了。"👑

永远保持一颗少女心

Chapter 3

渣男永远毁不掉一个内心强大的姑娘

/

1 我被渣男骗了

逢节假日、双休日，后台就会涌入一些女孩儿开始向我抱怨：我被渣男骗了，他跟我说他并不想我爱他；我被渣男骗了，他说朋友找他有事他就走了，我给他打电话他也不接，他的充电器还在我这儿，你说我该怎么办；我被渣男骗了，从知道我怀孕到现在他连见都不见我，之前他还带我见过他的家人，我以为我们已经在一起了……

我每次看到类似的留言都觉得有些诡异，很多人总是把性爱当真爱。我也一直说单纯的性爱是很难转正的，但还是有人陷入深深的灾难里，无法自拔。

2 根本没有结果可言

单纯的性爱之所以维持，很多时候是一个愿打一个愿挨，没太多结果可言。这样的关系不值得去计较，就是你情我愿愿赌服输。

在这样的关系中，有的女孩儿一开始是接受的，只是后来才发现自己陷入爱情泥潭。但更多的是，很多女孩儿一开始并没有意识到这个关系是建立在性爱的基础上，她们以为是真爱。

记得我见过的最让人震惊的姑娘是借钱给自己的男友，结果发现男友拿钱和别的姑娘开房。虽然在男友一次次道歉后又和好了，但男友终究是死不悔改。这样的故事真的比狗血剧还狗血。

在天真的姑娘眼里，她们以为自己一次次退让和包容肯定能让对方回心转意，意识到自己的好，和自己步入婚姻的殿堂。但事实是姑娘你们实在太不了解渣男了。

所以，我真是害怕再听到类似的故事。失恋、堕胎、人流等，每次听她们的故事我都三重受伤。

不过，那些渣男的部分行为我也有做过。我曾经想以此报复前女友，但后来我发现我除了伤害了别人，就是毁掉了自己，其余的什么也改变不了。

我想象着那些懵懂的少女，年纪轻轻就做过人流了，实在是有些惋惜。所以每次，我看姑娘们的留言就眯着眼，喝着酒，仿佛看见摇摇晃晃的铁皮火车，穿越到青春的尽头。

3 没受过伤怎么可能长大

有时，我想安慰她们说，其实青春总是这样的。为什么很多人一辈子在爱情上都唯唯诺诺，还不是因为他们从来没有受过伤？痛苦让人成长，没有受过伤怎么可能长大？其实我们都是一样的，在年少轻狂的时代谁也避免不了犯错。

我想了一百种理由来劝说那些失落的姑娘们，结果我收到的回复是：我活不下去了，我觉得我一辈子都不可能再爱上另一个人；我觉得我以后或许会选择一个没有人认识我的地方度过下半生吧；我活不下去了，你不知道我为他付出了多少……

可真的是这样吗？

4 其实你很好，其实你很美，其实你真的很出色

我们经常说尊重生命本身的存在，你是否有考虑过父母？你是否有考虑过你活着的意义？你又是否对得起未来那个不顾一切、勇敢拥抱你的男人？于是，在姑娘们绝望至极的时候，我常安慰她们：其实你很好，其实你很美，其实你真的很出色。

我试图告诉她们未来其实不是这样的，五年后的你会觉得现在的你很傻，十年后的你会觉得今天的事其实没什么。我们都知道时间会冲淡一切，时间也会修复一切，给自己足够的时间就一定会重生。况且，爱情只是人生中很小的一部分。

所以，你的人生并没有完全结束，你受伤了，长记性了，下次记得就好了。

一个内心足够强大的姑娘，会用一段足够长的时间来修复自己。如果真的很难面对那个惨败不堪的自己，那就努力去学习去进取。随着你阅历和能力的提升，你将会遇到比那个渣男更糟或更好的男人。你会发现，只要自己内心强大，就不会被任何人打垮。

放宽心，一切痛苦，都是暂时的。

5 你要足够强大，足够好

我从来不认为堕胎、人流是多要紧的事。如果一个男生真心爱你，就会接受你的过去，你的全部。一个真正懂得如何去爱的人只会在意你现在是否开心，是否快乐。

当然，这里的前提是，你要足够强大、足够好，强大到可以让人忘记你曾经被伤过，好到可以让人不计较你曾经为爱傻过。♛

一个内心足够强大的姑娘，

会用一段足够长的时间来修复自己。

你有被迫害妄想症，所以全世界都欠你

1 爱情中没有强者和弱者

我四岁那年上幼儿园中班，自认是遵纪守法的儿童，因为纪律好总能提前选玩具。

有次，我把一个女孩儿的玩具拿走了，她当时就崩溃了，推了我一把后跟老师说我推她还揪她头发。

从那时起，我就被"掀她裙子""偷看她上厕所""关她在教室"……于是我每天回家都被父母责骂，最后发誓绝不在当地找女友。对女性的恐惧一直延续到大学毕业。那真是一段过得很"被"的时光。

后来交了女朋友，我特别声明了三点：a. 你不要对我好，顺其自然就行；b. 必须明白是非，当然高品位很重要；c. 爱情中没有强者和弱者，我们公平付出，彼此进步，拉钩成长……

这三点十分奏效，至少前任们绝大多数都不怎么恨我，偶尔还会找我喝个茶，感慨下北京天气真的越来越不好了之类的。也有人因为这三点嫁入豪门在长岛做地产投资，风生水起　动不动就收个矿什么的。

当然也有人慢慢懂得这三点后跑回来和我说："唉，我终于明白为什么当时除了你之外没有人追我了，还有噢，我去了英国后发现更没人愿意追我。我一直以为自己是公主其实我是个普通姑娘……"我看着她身高 165（cm）体重 78（kg）的身体说："是啊是啊，估计是英国的土豆和炸鱼太好吃了吧。"

爱情上，男女之间没有强弱之分，都是共同成长起来的。如果两人进步不明显，或者进步脱节，不是付出不付出的问题，而是你被爱情抛弃了……

2 我们会对爱人有过高的期许

女人最容易患的两个症状是"被爱幻想症"和"被迫害妄想症"。

"被爱幻想症"很好理解，例如在少女时代就幻想白马王子出现，而且对方"对我很好，很爱我"；到了真正遇到自己喜欢的追求者，就幻想男友向自己求婚；幻想男友会因为爱自己而改变生活恶习；幻想男友永远只爱自己一个人。结果，只能让她的男人越来越不像男人。

一个缺乏雄性特征、所有事情都点头答应的男人毕竟是少数，但凡正常点儿的都会和你说拜拜：亲，不是我不爱你，是你要求太高了，我真的没有你想象中的那么好……

至于后者"被迫害妄想症"最大特征是凡事都将自己假设为受害者，把自己置于弱者一方，形成了一种受害人的心理情绪。哪怕是一点儿轻微的风声，他们都会将小事变大，将自己代入妄想的世界里。

明明找了个有表有里的好男人，非觉得自己的男人和闺密有暧昧；男人明明是责任心超强工作卖力，却被认为加班就是去花天酒地。最无法原谅的是自己又不能接受没有才华没有思想没有主见的男人。

这种可怜兮兮患得患失的心态哟，只能导致最后草率分手。

或许，很多年后才明白这个道理，原来老娘当年得了被迫害妄想症，难怪全世界都在伤害我……

3 缺乏相信自己能强大的勇气和希望

被迫害妄想症的人始终在传播负能量。外力对他们影响特别大，他们除了吐槽刷存在感，从不主动改变自己。其本质就是：他们普遍缺乏自我强大的能动性，并缺乏相信自己能强大的勇气和希望。

他们有一套诡异的逻辑。他们认为，有实力的人一定是做了不道德的事才爬到那个位置；有钱的人一定是有背景才捞到了第一桶金；职位高的一定在剥削职位低的；漂亮的女企业家都和别人暧昧；老板都是邪恶的，员工都是苦命的。

尤其一旦与别人的意见相反时，他们第一反应不是自己是否有问题，是否有需要提升的地方，而是认为对方在迫害自己：那群有钱有势的人一定想方设法欺负我们，谁叫他们有钱有权呢！

4 更恐怖的是一群从不了解真相的人

最恐怖的（让人痛心疾首的）还有一群人，他们完全不知道事件本身的来龙去脉，信息超级不对称，完全局外人。但为了显得自己社交广阔、眼观六路耳听八方，他们倒是来得晚不如来得巧，恰好看到一个热点（天呢，一个强者在欺负一个弱者）就火力全开："今天我们只有一个名字，某某""今天我为某某代言"之类的口号一拥而上。

这些人的逻辑特别简单，简单说就是三步走：第一步，给弱者代言（谁弱谁有理，她是女的你是男的，你就是欺负她，也不管对方到底有没有按照合约办事）；第二步，利用信息不对称拉拢支持者，强化自我正义形象；第三步，将问题转移，有时候明明是简单的商业合作、劳资问题，非要上升到道德层面、人性层面，动不动就把人格挂上了。

他们根本不在乎自己对事情真相理解的精准度，也不客观地从法律、事实本质出发，他们只是觉得自己是"锄强扶弱的正义典范"。

5 建立强大的内心

我们如何让自己远离"被迫害妄想症"且不被利用呢？

不明白之事不妄言，不熟悉之人不判断，不清楚之物不喧哗。建立强大的内心，关注思想的进步，尊重观念的不同，对卓见之人包容、对勤奋之人敬畏、给精进之人鼓舞。♛

越不靠谱的两性关系，越在意情人节

1

中国节日越来越多了，完全是为了节日而节日。所以，今天我们在朋友圈看到秀玫瑰秀红包等集体刷屏。

除了好妹妹那首《祝天下所有的情侣都是失散多年的兄妹》稍有点儿逗之外，整个节日还真的没什么意思。

作为一个反世俗的我，特别想打赌，今年过情人节的男女朋友明年会怎么样呢？那些相爱的人还在一起吗？

恩爱可以，但恩爱越秀越死得快。

2

为什么秀恩爱死得快？

先说第一点，情人节已变得不那么像节日了，最传统的情人节是姑娘送男生巧克力，顺便表白。而现在呢？

你会发现男人之间要攀比，你送你女朋友什么？我送我女朋友什么？女人之间也在攀比，你男朋友不行，怎么只送你这么便宜的东西呀！

所以整个情人节很悲伤，看来大家都忘了，爱情怎么可以用物质来衡量呢？

然而网上那些商家还制造各种段子来刺激消费，什么一年也就过那么一次，男人如果不送你点儿什么，就说明这个人不够爱你，更有一些舆论导向说不要选斤斤计较的男人。

一个聪明的女人会选择一个精明的男人，而不是选一个人云亦云的男人。那些按照节日规矩办事的男人，也不一定就是真心的，更多是形式主义。主动买礼物的男人少之又少，所以快递小哥才那么累啊！你牛你亲自送花啊，干吗折磨快递？

所以，我们看到很多假象，爱情本不应是假象。但今天在情人节的处理方式上，大家都这样做，你不做，就是不对。

这就是道德绑架。

我不赞成一切勉强的事，一个男人不想买花就不要买花，不想送礼物就不送礼物。我经常和身边的姑娘说不要要求男人做什么，如果他真的爱你，他自己会主动做。

爱情是对等的，是顺其自然的。美好的爱情是水到渠成的，像天平一样，任何一方被迫付出太多都会让爱情走向尽头。

3

说一个我身边朋友的故事。

这个朋友前年结婚，娶了个富二代。他当时为了感动女孩儿，让全国人民祝福他们的爱情。自己一个人骑车去很多地方拍照片，最后把自己的照片和女朋友的样子合到一起，大概意思是以后我娶了你我要带你去全世界旅游。

他把这个照片做成集子送给女孩儿的时候，女孩儿的父母觉得这个男孩儿很寒酸：以为做个集子就能把我家闺女娶走了是不是？

我起初建议他不要做这些事，在面临一个地位悬殊的家庭时，你做的一切都是别人看不上的，还不如证明自己的未来和期望值。

可我那哥们儿不听，结果，结婚后每年他媳妇都问他什么时候去环球旅游，而她的父母也一再用这个梗来刺激他。

哥们儿很难过，后来开始和身边一个普通点儿的女人在一起了，最后两人还去了日本旅游。这真是一种讽刺。

有一天，他前妻给我打电话说："近墨者黑，一定是你教坏了他。"我当时就在电话里直接说："你们的关系一开始就不是对等的。他所谓的付出其实在拉大你们之间的距离。"

我努力保持平静，早说了秀恩爱死得快。我替那姑娘悲伤。

4

我特别不喜欢一切变质了的事。

情人节到了今天已成为标签化的节日，不具备真实的情感表达，而是大家都在刷存在感。这样的标签化让情人节本身变成了女权节、虐狗节。

我不知道有多少表面送了玫瑰和礼物的男人管不住自己的裤子。我也不知道情人节到底为什么人群设定。真正恩爱的男女完全可以过相爱纪念日、结婚纪念日，再加上生日、圣诞，已足够让你折腾了。

情人节的目的是什么？小于二十五岁的男女朋友过情人节就是过家家，而大于三十岁的男女朋友过情人节就显得特别矫情。大龄男女过情人节无非想证明自己还是有人关心的，有人爱的。这些听起来都是多么令人心塞的幻觉啊！真正收获爱情的人早去过结婚纪念日了！

5

我觉得恰恰是不怎么靠谱的关系才需要情人节。

例如，办公室里的恋情，喜欢一个人但不知道她喜欢不喜欢自己，所以买份礼物给她，看看她能不能接受；又比如朋友圈里那些很缺爱的女人，平时一点儿存在感和记忆度都没有，只有靠这些节日来论证自己：你看，我还是有人喜欢的，大把男人爱我。这在我看来都是很不自信的表现。

所以我经常说，越缺爱的人才越需要秀情人节的礼物。真正拥有爱情的人，早就深藏功与名了。

其实，真正的爱情不是一时的秀，而是一朝一夕的修炼，一日复一日对感情的坚持和积淀。

最后一句话送单身狗们，情人节其实没啥难过的。

你可以看电影、听音乐，有时间做很多很多喜欢的事。应庆幸，你还是自由的。👑

真正的爱情不是一时的秀，

而是一朝一夕的修炼，

一日复一日对感情的坚持和积淀。

爱他就爱他的前女友

1 关于男人为什么会想前女友，大概有三种原因

回忆前女友的第一个原因："得不到的永远在骚动。"

没有谁不在前女友身上耗费心血，无论是努力去爱她还是努力去寻求她。前女友就好像是一种革命尚未成功的设定。

心理学家契可尼发现，一般人对已完成了的、已有结果的事情极易忘怀，而对中断了的、未完成的、未达目标的事情总是念念不忘。这种"未完成情结"使当事人萌生一种难舍难分的感情，所以总在寻求，希望从中获得安慰。所以，当我们想起前女友，其实有时并不是想跟她在一起，我们只是对自己无法与之走到白头的事感到失败而已。

也许，对于分手这事的解读就是：你只是高估了自己，

你以为可以和她到白头；你只是不希望她回忆起年轻的时候说谁没爱过一两个渣男时，说的那个人就是你。

回忆前女友的第二个原因：领地记忆。

这点很容易理解啊，你爬过的山，你看过的风景，你爱过的女人，其实都是一样的。

当回忆从前，当时光逆流成河，当故事重来，你依然发现彼此真的不合适，所以你们还会分手。但无论如何，前女友始终代表着男人的一段回忆，这个人对他们而言就像是征服过的一片领地。

人会对征服过的东西想念，例如你会记得小时候偷过的糖果，战胜过的一个男孩儿，或者篮球场上的一次胜利，或者比赛失败后一个姑娘陪你在操场度过了整个夏夜。关于这点，有个朋友曾经对前女友做了个生动的比喻：我想写一个电影，我挖了坑，写了一个开头写不下去了。然后我开始写另一个故事，结果忽然发现，我已经知道原来的故事怎么写了，但此时已经有人在接着写我最开始的故事了。他不仅把我的故事写完了，还得了奖。我一想到这个，就十分不开心。因为我总觉得得奖的应该是我，毕竟前半段是我写的，只不过被后来人坐享其成了。

回忆前女友的第三个原因：她曾是我生命中的一部分。

关于这点，确实很伤感。你以为可以牵她的手到白头，但总是有各种各样的意外，结果你们没有在一起。

当前任出现，其实很容易激发男人的"被需要感"。不少男人承认他们保留前女友的照片、联系方式，在前女友遇到困难时仍会伸出援手。这是因为在他们的潜意识里，前女友身上有一部分自己的痕迹，而这部分特殊性也使男人觉得对她有责任。"被需要"总能激发男人的保护欲，更何况保护的还是和自己有过一段回忆的前任呢！

2 任何修成正果的爱，都应该感谢前女友

我觉得人总是很贪心的，很多女孩儿希望自己是男友的唯一，但她们却不知道如果没有前女友，男人就不可能形成现在的价值观和爱情观。

很多前女友是妈一样的存在，尤其是和男人同龄的前女友。在女生心智发展较男生成熟的青葱年代，她关心我们、照顾我们和爱我们，让我们感受到了什么是恋爱的滋味；而很多前女友又成了我们叛逆不羁青春里的受害者，为了一时快乐让她堕胎、宿醉、辍学等。

前女友是另一个江湖，是男人青春时代的全部。没有她们的存在，我们的青春不值一提。

3 你过得不好，我就安心了

很多男人都爱说这句话，原因是他被对方抛弃了，他成了出局者。

那些出局的男人因为嫉妒痛恨他之前的女人，所以才会说出"你过得不好，我就安心了"这样的话。

如果彼此真心深爱过，不妨在前女友有困难的时候帮她们渡过难关。但我说的是安静地陪伴，而不是藕断丝连。过去两人在一起时总爱来爱去，结果把彼此都看乏味了。其实两人做一些爱之外的事，也许会感觉更舒心。

每一个前女友都是我们前进的动力，所以希望她们都过得好好的。我们也要一直警醒自己，不要成为，千万不要成为她们记忆里的败笔，不要让她们感到悲伤。因为谁也不希望成为她们年老回忆时嘴里说的那个渣男。

4 现女友与前女友真的不可妥协吗

英国心理学家斯皮尔曼做过一个婚恋实验，得出的结论是：当男人想着前任，可能是对现阶段关系不满意的一种信号。

他认为，我们与他人紧密的情感联系是可以被替代的，人们会在厌倦了一段感情后回头去找与自己最近的前任。因为这是得到强烈归属感最快、最便捷的方法。

我的一个好哥们儿在马上进入一段新恋情时，前女友突然回北京找他。两人也没有在一起，而是他前女友觉得自己在北京没地儿可去。于是在那段时间里，她就住在他家。以前我们还经常去我哥们儿那里，成天在他家里研究咖啡、各种各样的酒，还有植物的种法，但他前女友回京后，我们就很少去他家了。

我哥们儿前女友回京后，他也没有办法开始一场真正意义上的爱情了。他觉得自己有责任陪着前女友。他每天下班回家第一时间就是看前女友，他特别害怕她情绪不对，也特别害怕她身上的负面情绪会蔓延到自己身上，但他无能为力，只有日复一日地陪伴。也正是因为这样，他足足两年多没谈恋爱。他觉得自己状态糟糕透了。

我的哥们儿是和我完全不同的人，他跟我说起这个故事时，我感慨地说："她或许让你在恋爱道路上放缓了一点儿，但至少让你学会了如何拥有保持片刻平静的能力，她的出现会让你明白自己不要什么。"

没有人可以做到真正的绝情。所以很多时候，我会感慨这世间各种美好的女孩儿，她们错过的爱情是谁的过错？与前女友相拥，就是对现女友的一次翻盘。或许，感情的世界就是如此的微妙反复。

我从来都很尊重我遇到的每一个姑娘，努力发现她们与众不同的地方、那惊艳绮丽的美。上帝在每个人的身上都藏下了优美的线索，我们只需要耐心就可以把它找到。

前女友都是难得的温暖而鼓舞的力量，帮我们在低落时找到爬起的方式。她们是苦难生命里的微光，感谢她们的及时出现，感谢她们的"不杀之恩"。♛

前女友都是难得的温暖而鼓舞的力量，
帮我们在低落时找到爬起的方式。

一切不完美的恋情，都是因为你矫情

/

那个每天睡在你身旁的人，你真的了解吗？

为什么你们会变得陌生？

为什么你的女朋友总是很容易被人抢走？

为什么越相爱的人越不容易了解对方？

到底是什么造成了恋人之间的幻觉？

1 大雄，你对我老婆做了啥

下午三点，哥们儿打电话问我："大雄，你对我老婆做了啥？"

我莫名其妙，于是无辜地解释说："我没做啥啊！"

哥们儿表示不信，又补充了一句："不是那个意思，大雄。我想知道的是，为什么我老婆从北京回来后，感觉像换了一个人，好像开心了很多。还有，我发现自己根本不了解她。当她说和你聊天很开心时，我特别想知道，你到底跟她说了什么？"

我一边在三里屯的二楼抽烟，一边回忆。我们这几天都在加班，除了吃过几次饭还真没什么。

所以，我就继续问他。在我几次追问后，哥们儿终于说出真相。

哥们儿的老婆从北京出差回去后，说了很多他之前不知道的事。他觉得他老婆以前不是这样的……

我恍然明白了。我当时请她吃了一顿饭，还是照顾不周的那种。那天她准备回去时才来找的我，我没准备所以就简单吃了顿饭。

"吃的啥？"他问。

"腰子、肥肠、卤煮和干锅鱼杂……"我说。

"她可从来不碰内脏的啊，她说腰子膻，肥肠肥，卤煮腻，鱼杂腥啊……"

我说："不是啊，她很喜欢，你不知道腰子和鸡屁股才是美食里的国王与皇后吗？"

"噢，我知道了，谢谢你，大雄。"

哥们儿匆忙挂了电话。

在这段对话里，我那哥们儿有答案了吗？或许有，或许没有吧。

从认识到相约，从相遇到相知，因为伪装我们失去太多。

出现这样的情况，都是因为我们在做对方眼中的自己，而不是做真正的自己，结果会很累。

我身边有一个姑娘，属于机车少女类，很摇滚，也很躁。她老公是美术学院的教授。

为了配合男方的审美标准，姑娘把日子过得知书达理极了。她一直在老公跟前穿白色的裙子，从不在他面前喝酒、抽烟。她结婚后也不和我们聚会，只有她老公出国时才溜出来喝几杯，还不能多。因为第二天还要给他做国外演讲的课件。

后来她实在受不了了，一天大半夜，她从家里跑出来，和我一哥们儿疯玩去了。我那哥们儿也是搞艺术的，是做街头涂鸦的，很酷很帅的那种。其实，我觉得涂鸦高手配机车少女，这才是北京爱情嘛。

在这故事里，我最佩服的是，这姑娘第二天还准时把自己老公的 PPT 完成了。

后来我问她："既然不开心，你就直接做真实的自己不好吗？"

姑娘告诉我："我很爱他，也很害怕，我非常了解他根本不喜欢那样的我。大雄，你知道的，有时我需要喘口气。"

我说："你明明可以直接告诉他你想做什么，难道爱一个人，不应该接受她的全部吗？"

姑娘想了半天，说："不行，我伪装得太好了。我要保护他心目中的那个我。"

我在那个夜里很迷离，是啊，需要保护的爱，让我们都看不懂对方。

2 拥有爱情，还是假装着拥有爱情，这是个哲学问题

我大三时，经常在西站约一个姑娘 T。嗯，没错，我们约会的地点就是马路过街天桥下来最近的那家店：台北永和大王。

那段爱情历程让我基本害怕西站。因为西站离我和她都很远，每次约会都要坐两小时的公交。我之所以约在西站，是因为那是我们第一次在北京见面的地方。

而如你所知，北京西站一带根本不适合谈恋爱。所以，每次约会，我和 T 只能在永和大王吃个便饭，然后逛中华世纪坛，最后绕军事博物馆一走，基本一天结束。然而，整条路线连个休息的地方都没有，T 每次都腿疼走不动，想找地方停下来，但根本没地方可以让我们休息（周边很多都是军事禁区）。而我呢，为了表示我对这段感情的专一，每次还都约在西站。

　　我实在太有心了。想到她是武汉人，我还很矫情地去喜欢一种植物，樱花。因为那时候武汉大学的一个朋友告诉我：武汉有樱花节。

　　每年樱花节，我都约她去玉渊潭看樱花。四月的周末，我们早早地从学校出发去玉渊潭。我当时怕 T 同学起床太早会饿，还特意给她带了豆腐脑。对，就是北京卖的那种打卤的豆腐脑。

　　毕业那年，T 去了剑桥。

　　出发前，我们决定见人生中最后一次面。当然，地点还是西站。

　　T 当场就急了，你就不能换个地方吗？北京那么大，你就只知道西站吗？

那个下午，我们在电话里吵起来。很多年后，她去西城区教委上班，还特意为这事向我道歉。

但那时，我们是真的在电话里吵起来了。她直接劈头盖脸冲我来一句："你知道吗？你做的一切都特别无聊，别人谈恋爱可以去很多地方，而我们就是在西站到军事博物馆那一片各种绕！"

在电话里，她说她回想起我的全部，没一件是她喜欢的，整个爱情对她而言全是败笔。她那么努力来配合我，真的很累。接着，她最后那些话直接把我伤到了："你知道吗？武汉大学的确有樱花节，但你知道我对樱花花粉过敏吗？每到四月我都要准备消炎药，你到底是真傻还是假傻？你没看到我每次看樱花都戴口罩吗？还有，你别再给我买什么豆腐脑了，我们湖北人虽然在长江北，对你们广东人而言是北方，但我们吃的豆腐脑都是加白糖的，甜的。你每次买的那些打卤的豆腐脑我真是硬着头皮吃，你都看不出来吗……"

我被 T 完全秒杀了。

最后，我当然没去见她，甚至在后来，她给我道歉时，我也呵呵呵假装无惑。因为，在最后那次对话里，我尊严扫地，一无是处，我第一次认真的恋爱就这么瓦解了。

3 什么是合拍的爱情

热恋中的男女总是为配合对方而做一些事。这样的爱情并不可靠，因为一开始就是委曲求全的调调。

在这样的爱情里，男人特别在意仪式感；而女人为了迎合男人的情绪，极少表达自己，她们只会一次次说：随便，怎样都好，你安排就好。其实，彼此都不会真正表达自己的内心。

在我们越重视的爱里，我们越容易迷失自己。所以我后来才明白：爱，从来都不是容易的事。当然，也不是靠迁就和伪装就可以保温。

所以，当身边朋友开始恋爱时，我都会告诉他们，不要管对方爱不爱你，能不能接受你，一定要让对方知道真实的你。因为，一时伪装可以，一辈子伪装就真的难为自己了。

伪装的爱情往往很难有好的结果，很多时候的出轨都因为婚姻中的彼此一直在扮演对方心目中的形象实在是太累了，所以必须喘口气……

所以，如果你问我什么是合拍的爱情？

首先，它必须是可以让你轻松做自己的。其次，如果你真的爱一个人，你也应该让对方做真实的自己。爱情双方，必须尊重对方的本真，才能让彼此真正轻松快乐起来。

毕竟，真正完美的爱情容不得半点儿迁就和伪装。👑

做个高智商女孩儿

Chapter 4

为什么你二十岁拥有世界，三十岁却一无所有

/

1 没有谁能拯救谁

我很少参加大学聚会，除个别好友婚礼，平时很少和老同学碰面。

前不久，参加了老同学张罗的大学聚会。三十几个人齐聚一堂，班花都出现了。几杯酒下肚，真心话一出：匆匆那年的班花离婚了。

我对班花无感，一个年轻貌美、众星捧月的姑娘并非我能驾驭，加上我很早就把战场从学校拉到了鼓楼，所以我俩毫无交集，甚至我连她名字都忘了。

"你是在操场涂鸦的那位，通宵打篮球不回宿舍的那位，你是给学校拿下专项研究经费的那位，你是参加数学建模比赛的那位……"那天她却提到我，"我以为你一定会出国的，没想到所有人都离开北京结果你留下来了。你

还有孩子，我见过你孩子的照片，很可爱。听说后来你们公司还上市了？然后你就离职创业了？我们以前有聊过你，我们都搞不懂你，你是我们见过的最不安分的人，你总是撞得头破血流，其实过得比我们都踏实。"

她又喝了点儿酒，不太清醒。

我那天有事，没想太多，匆匆告别。

班花的故事很简单，毕业后结过一次婚，觉得不开心，离了。后来和一个外籍华人又结了婚，因为性格不合，又离了。目前有两个孩子，和一个比自己大十岁的男人在一起。

她真的只是情感失败吗？我好奇。我听说过她的工作经历，十年内换了快三十份工作。

后来有天她打电话给我，说想创业，问我有什么好建议。我草草几句，以事务繁重挂断电话。从二十岁到三十岁，我学会的就是：没有人有义务教育别人，也没谁能拯救谁。

2 我们是什么时候失去了对人生的把控

十八岁到二十岁，那是一个认为年轻得可以拥有全世界的年龄。青春阳光，年轻貌美，围绕在我们身边的全是赞美之词。我们以为自己真的足够有能力与世界周旋。我们任性，胡作非为；我们骄傲，浪费时光。

我想，我们就是那时失去了对人生的把控吧。我们在那个耗费身体和爱情、把自己灵魂冲洗了一次又一次的年纪里，提前把生命透支，把时光透支，把未来透支。

当三十岁时回头看二十岁的自己，不小心的爱情事故、失败的学业、迷茫的未来，自我感觉良好的幻觉，这一切都决定了我们人生的输赢。一如海子的诗：该得到的尚未得到，该丧失的早已丧失。

3 没有人会讨厌一个努力的人

这样的失落，让我重新审视身边的年轻女孩儿们。

从混乱的演艺圈到现在所谓的网红经纪、视频直播，我开始理解那些年轻女孩儿的选择。

楼下又开了一家微整形医院，学了几天的医师换了门面，成了专家。一拨接一拨的女孩来抽脂、割双眼皮、隆鼻、削脸、丰胸。

我以前还比较感慨，现在不会了。活得现实点儿没什么不好，只要人生不后悔、不遗憾就好了。

也有姑娘问我："大雄，你是不是特别瞧不起我们啊？你说我们又没有文化，又没有外形，还不整整，连直播都上不了，多惨！以前我一姐们儿好不容易存了点儿钱就被男人骗了，后来把存款拿去做微商，天天刷屏被朋友圈各种嫌弃，虽然也赚了点儿钱……"

跟我说这话的姑娘今年二十岁，她从南方来北京，和所有的"北漂"一样认真地生活。

我说："不讨厌啊，没有人会讨厌一个努力的人。"

4 任何事情只要你想做都不会太晚

我最喜欢的西铁城广告叫"你还有时间"，任何事情只要你想做都不会太晚。

我们都知道，二十岁是三十岁人生的预演，一次故意挥霍的二十岁将决定三十岁的狼狈人生。虽然真正决定人生输赢的时间在三十至三十五岁左右，但二十多岁的时候，却是我们人生最后一次脑力发育的高峰。所以，二十多岁对世界的理解、对性格的塑造、对未来的认知比任何时期都重要。

二十多岁的人其实面临着自己都不知道的危险游

107

戏——抢椅子。在每个挥霍的日子，人们并不知道三十岁后婚姻、家庭、孩子、事业、父母等不同问题的严重性，所以在专家眼里："二十多岁的时候谈恋爱就像玩抢椅子。每个人都东奔西跑地玩乐。但是在三十岁左右时音乐停止了，每个人都开始坐下来。我不想只有我站着，所以有时候我会想我要嫁给我的丈夫，因为毕竟他是我三十岁时离我最近的椅子。"

在这场游戏里，毫无准备的人将面临被迫选择的人生，最后不得不开始一项事业，选一个城市，仓促结婚，然后在很短时间内拥有一到两个孩子，而这些事是互不相容的。没有准备好的二十岁，根本没有能力去招架三十岁的挑战。

所以，很多时候我们抱怨伴侣的不优秀，抱怨生活的不公，其实是我们自己没有做好准备。

5 如何过好二十岁的黄金时期

第一个方法：忘掉身份认同危机，去获得身份资本。

我们之所以挥霍二十岁的青春，正是因为我们二十岁一无所有，所以我们以为世界都是我们的。其实，那时的我们更应该去做一些增加自身价值的事，对自己投资，想想你要成为怎样的人。

第二个方法：告别无谓的探索，即刻行动。

二十岁开始提前进入职场，提前实习，做自己想做的事。如果不知道自己想做什么，也要进入社会角色工作，不要去盲目等待自己喜欢什么，自己想做什么。这样的等待是拖延，而不是探索。

没有人愿意工作，所以那些不知道自己想要什么、一直不去工作、一直等待自己可能喜欢的事物出现的人，其实都是像鸵鸟一样的懒惰和自以为是而已。他们有太多的理由和借口，太少的立刻行动。

第三个方法：不要坐井观天，要扩大交际圈。

好朋友是开车送你去机场的人。如果二十岁的人只是和想法相同的同龄人交流，那就限制了自己的交际圈。

当朋友把我们送到机场，二十多岁的人生就像一架刚从洛杉矶国际机场起飞的航班。刚起飞时，航道上一个小小的改变就会导致目的地的不同，有如阿拉斯加和斐济之间的差距。

班花故事的最后，我给她回了电话，我们约在鼓楼烟袋斜街的德彼酒吧见面。

我梳理了她的一些关系和资源。她最后决定做一个关于儿童教育的项目，她说："二十岁的时候是主动选择，三十岁的时候是被动选择，她希望做点儿事是关于孩子的。"

我告诉她："你还有时间，只要想做，一切都来得及。"

她最后问我："大雄，你真觉得我行吗？"

我说："有什么不行的，别忘了，你曾经是那个众星捧月的班花，你依然值得骄傲。"

毕竟，你的二十岁，漂亮得全世界都羡慕。👑

你努力了吗？你全力以赴了吗？

1

我在一个月前退出参与公司招聘的一切事务，因为大家都发现我把面试过的人说得一无是处。那些想来公司工作的人，往往因为我的刁难而没有勇气来上班。就连很多我觉得不错的人，也因倍感压力而选择了放弃。

我有些不高兴，原因有两点。

第一点是，他们过去的经历都是一个精心的自我包装，他们总是自我感觉良好，但他们的反应让我充满怀疑。我解读过这样的怀疑，我发现他们被过去的雇主误导了，他们并没有建立自己的判断标准，工作两年的人没有自己的观点。

第二点是，当他们感觉自己被人看透、被人质疑时，绝大多数的人选择了退缩。他们其实有一百个理由去迎接挑战，去改变自己，但他们还是选择了第一百零一个理由放弃。

所以，我一直在招人，却一直招不到人。

现代人的脸皮都特别薄。

2

太爱面子的人，永远不可能成为强者。

我不知道为什么大家都特别在意别人怎么看自己。其实行不行，不是别人说的，也不是自己决定的。行与不行，不是个体对个体的评价，而是你的行为本身做出价值后的世界的回声。

遗憾的是，很多人不懂得这一点。

他们害怕输，害怕自己被别人看透。其实他们有可能赢的，只是缺那么一点儿狠劲。他们对自己太宽容了。你对自己宽容，世界一定会对你苛刻。

所以，我们要和最优秀的人合作。

这句话是一个伪命题：a. 我们认定的人都是最优秀的；

b.我们认定的人暂时不优秀，我们也要把他变优秀；c.我们抱团取暖，一起优秀。

3

我认识一个上海4A广告公司的头儿，大中华区ECD（执行创意总监）一类吧，一年没几个项目。当时我们的一年流水做到三千万，而他们一年的业务不到一千万，但他们是三百人，我们是三十人。

他身上带着传统的矫情劲儿，其实只是一个靠做飞机稿拿各类奖的人。所以广告狗不要迷恋4A和大奖。他们所谓的优秀广告，只要把商品的Logo删掉，然后让你永远看不明白。他们做的广告没有黏合度没有识别度，没有价值。

一次在飞机上，那个4A广告的头儿遇到我了，问我："你最近看什么书呢？"他特装，其实就是想推荐他最近看的书。

我当时不想理他，想都没想就说《一个狗娘养的自白》。当时飞机上空间狭小，而我说话的声音不小，所以很多人朝这边看过来。

他觉得我在羞辱他，就说："哥们儿，你可以看不起我，但你不要骂人啊！"

我平静地说："我是真心推荐的。"

我知道他是不会看的，他做的事看起来都很高大上。他问我看什么书，也是为了装出一副很喜欢读书的样子罢了。

我估计当时他听到我推荐的书，就像听到周星驰说《一个演员的自我修养》般滑稽无厘头。但我真的就是想推荐他看那本书，因为我认为他更理解那本书，毕竟他是国际4A公司的。

《一个狗娘养的自白》是美国传媒大亨创始人艾伦·纽哈斯的自传。里面的一个核心观点是：别拿这个世界太当回事儿，别拿自己太当回事儿。

4

你真的努力了吗？你真的全力以赴了吗？

为什么我们自我感觉良好？为什么我们那么在意面子？为什么我们会不断选择退缩？

我每次反思的时候也会问自己这个问题：我们真的做

得足够好了吗？不过，剩下的是无尽的悲伤与后悔。

　　所以，每次遇到年轻的就职者，遇到我认为有能力的人，我都尝试告诉他们一个最简单的道理：机会或许就只有一次。你别以为自己有选择，其实你没任何选择；你也别以为自己有很多退路，你根本没有退路。

　　那么，怎么才能做到足够的努力，足够的全力以赴呢？

　　我的回答是：不断给自己设定问题。问题即挑战，问题即未来。

　　你要占领市场，就要设计比市场现状更多的问题；你要打败对手，就要设计比对手想到的更多更广阔更前瞻的问题；如果你要做好服务，就一定要为消费者预料到更多的问题。找到问题，就有方向，就能解决问题，也就有机会做好。

　　我们每一个人都向往幸福，但只有开战，用尽全部力量去开战，才有赢的可能。👑

别拿这个世界太当回事儿，
别拿自己太当回事儿。

别逗了，世上从没有什么怀才不遇

1

他矫情地点了支烟。

是我的烟。

为保持礼仪，我默默给他点上，没办法。

"你知道吗？别以为你有多了不起，我只是怀才不遇，我多年前也是诗人，我也是有才华的。"

我给自己点了支烟："噢？念首诗听听，你最拿手的那首。"

他笑笑："不了不了，不入流。"

听到他说这话时，我心中实在反感。

不知什么时候开始，我烦透了"怀才不遇"一说。

一些明明毫无才华的人，非要把怀才不遇天天挂在嘴边，以显示自己多有能力。

其实，他们什么都不是。

2

我听过很多关于才华的谎言。

从前，有个即兴音乐人告诉我他要做音乐。从认识他到现在已足足三年了。我给他写过歌词，也帮他找人合过歌，但直到今天我仍旧没听到过他的一个作品。他总是有很多计划：写一个真实而感人的故事，告诉大众歌曲背后的缘由；上最牛的众筹论坛筹钱出唱片；汲取自然元素做一张不同凡响的唱片，然后一炮而红，等等。

结果当毫无音乐技能的我开始自己作曲，自己去剪片子时，他还停留在想的阶段。

除即兴音乐人之外，还有一些号称自己要写小说的朋友。他们看不起《冰与火之歌》的宏大叙事，看不懂《时间旅行者》的时间轴，他们认为自己是绝顶聪明的，可以直接秒掉刘慈欣的《三体》。结果你问他作品到底写得怎样了。他们会说，还在和书商谈着呢，先找到出版方再动笔不迟。

然后，你就乖乖等吧，我可以跟你打赌，他们写不出什么好作品。

他们只是有一种自我感觉良好的幻觉而已。

我每次都尊重他们，但他们后来总是让我失望。

3

越是说怀才不遇的人，其实越没什么真本事。

先从"怀才不遇"这个词说起吧。"怀才不遇"永远不是放在做事之前的，而是在评定一个人一生成就多少时用的。简单说，这四个字是写在墓志铭上的，而不是你做事之前挂在嘴边自以为是的。

很多人，明明没有真本领，却总以怀才不遇为借口。在我看来，他们的意图很简单：

用怀才不遇来形容自己，好混迹于不同圈子；

以怀才不遇来博取他人的同情；

借怀才不遇来鄙视那些真正努力的人。

4

从没怀才不遇一说。

每当朋友吐槽自己怀才不遇时，我都想反问他一句：你努力了吗？你真的有才华吗？

才华不是想出来的，而是做出来的。

我更想质问他：你到底想做什么？你真的会为某一个目标奋不顾身吗？但我从没问出口，因为我知道答案是什么。

怀才不遇只是借口，任何事情只要你真的有才华，真的热爱，你早就一头扎进喜欢的事情里了，没时间抱怨"怀才不遇"。

你们一定想不到我为了买第一台笔记本电脑，给《花溪》之类的杂志做插画。一张黑白插画五块钱，我为了最快时间完成两千张插画，直接把书桌搬到了大学宿舍的男厕所。因为宿舍会断电，我无法通宵画画。男厕所的灯是声控的，满足了我的需求。

所以在十几年前，那画面很诡异，我一边创作，一边不停跺脚，偶尔还会遇到半夜起来上厕所的哥们儿大小便。不妨脑补一下，画面很尴尬。

我在买下笔记本后开始写书。那是 2004 年，我给全国五十多家出版社投稿，结果全部被拒。最后某出版社出了我第一本书并获得了好评，也促成了后来十几本书的出版。

在那些没有退路必须努力去做、必须为结果负责的日子里，我明白了：

你可以遇不到伯乐，可以没有贵人，也可以没什么才华，但只要你努力，你的诚意一定会被世界看见。

遇到伯乐前，先做自己的伯乐吧。

5

回到今天的网络时代，我更不信什么怀才不遇一说。

这是个话语权完全释放的时代，在这个时代里，伯乐和千里马很多时候是并存的，你就是自己的伯乐，你就是自己的千里马。

只要你有真本领，你就能闪耀起来。

每个人都是能量场，每个人都是信息源，每个人都有可能成为大 V，而你要做的就是努力和付出。

我不支持大家去评判自己是否怀才不遇。因为"怀才不遇"还是"等"的思维，等待别人给你橄榄枝，等待别人给你机会，等待别人对你认可，这样的想法既懒惰又不现实。等，不如去做；去做，才有收获的可能。

所以，一个真正有才华的人，就应该停止抱怨，立刻行动。

来吧，努力一把，让全世界看看你的万丈光芒！👑

有多少人会像笨蛋一样坚持

1 请不要把懂得坚持的人当愚者，世界正是由无数渺小的微光构成

我喜欢一切坚持的事，无论是身边人为了准备婚礼提前半年去订潜水摄影，还是说，一个宅男一直在三里屯某写字楼下等女神下班。

我觉得用心付出就是好的。因为，无论是喜悦还是痛苦，无论是失望还是悲伤，你要感觉到了才是你的。

昨天晚上，我们用红包炸群，结果发现一堆小朋友没有睡，所以我们聊着聊着就聊到了郭台铭的"夜莺计划"。

作为八十岁老人的铁腕管理台积电推出的"夜莺计划"以效率为目标：在之前三班倒、连轴转、二十四小时生产不间断的基础上，推行三班倒、连轴转、二十四小时不间断地研发。

这个计划让一些员工甚至旁观者都受不了，但已经八十多岁的张忠谋并没有丝毫手软的意思，而且，他不但要求三班倒，还要求班班都要做出最高效率。

他说，工作产出来自"投入"乘以"效率"，效率才是关键。"别人工作五十小时，你比他多做 20% 变成六十小时，但他的效率比你高 30%，成果还是比你好。"这样既勤奋又有效率工作下来的结果就是，台积电将独享iPhone7，甚至 iPhone8 的订单盛宴。

我在群里鼓励大家学习下"夜莺计划"。

说完之后，我也会想：会不会太凶残了？

不过后来觉得，"市场是凶残的，资本是凶残的，你不对自己凶残，就等着别人对你凶残吧"。

学会对自己苛刻，学会把自己当笨蛋一样坚持。

2 用最笨拙的方式去做一件实实在在的事

我见过一些创始人，小到做服务的，大到做 E 生态的。我越见越害怕，越见越想躲，我发现绝大多数的人都太会讲故事了。常年的路演、讲解让他们游刃有余，甚至进入了一个特别"自我感觉良好"的误区。

好的项目是一目了然的，好的项目是不需要路演的。每当身边朋友热情高涨说未来的大蛋糕，我都想问问他们："你们的第一步怎么做？"

不说多的，一千个种子用户哪里来？

真的有一千个有号召力的人愿意听你的吗？

所以，有时候，别把自己想得太聪明了。

我经常建议身边的人：

正视自己并不聪明，不要用自我感觉良好的幻觉去看市场，客观客观再客观；

不要太爱自己的脸，太在意面子问题，不要过分在意身边人怎么评论自己。

用最笨拙的方式去做一件实实在在的事。

不要总想着快，不要以投机的方式去追求快。什么投资人要求我们快速融资，要求我们必须做得有新概念之类的，都是妄念。

真正的快，不是做虚假包装的快，而是你投入后、寻找到合适的方式后、更加用心后的效率的提高。

3 求知若饥，虚心若愚

世界变化太快了，动不动就会给自以为聪明的人一个警醒。人们总以为自己很聪明，以为自己可以预测未来，其实未来根本不可知。所以，无知才是未来一切机会的所在，那些"已知"的事很快会过气。

将"已知"作为技术，将"未知"作为机会。

这句话很重要，也是定义未来商业模型的根本。

而真正做好这一切，取决于你对未来的敬畏与无知。

像笨蛋一样去坚持，才能获取更多东西。

你要学会当愚者，那些看似聪明的人才愿意和你说话。

少说话，多安静一会儿。

4 为什么我们要像笨蛋一样去坚持

为什么我们要向像笨蛋一样去坚持？

首先，可以帮我们找到自己与世界的关系。

因为你已经是愚者了，所以就没有什么面子问题，努力成为唯一的标准，你开始真正理解自己与未来的关系。

因为你已经是愚者了，所以，你身边那些酒肉朋友不会关照你，你的父母不会理解你，你明明过得很好，明明拿着铁饭碗，为什么想不开呢？

当一刃关系不在，你在那瞬间会突然发现，你一无所有了，无依无靠了，而这种别人眼中的笨蛋角色认知让你很难过。

但恰恰是这样的感觉让你明白：其实创业很客观，就是你和世界的关系，中间一个人都没有。

你的好与坏完全取决你一个人和整个世界。

在这关系里，那些不理解你的人，根本无关紧要；那些你曾经的朋友，他们更决定不了你成功与否。

所以，一切都必须靠自己，这才是正道。

一个与世隔离的愚者，更容易更清楚地理解个体与未来的关系。

坚持梦想，才能听到宇宙的心跳。

5 有一些梦想真的很可笑，有的人看起来真的很笨

有一些梦想真的很可笑，有的人看起来真的很笨。所以，请多一点儿聆听、理解、包容。或许，这才是这个功利时代的浅薄善意。

像笨蛋一样地坚持，就是不顾一切地打破，坚持到任何事情被你打穿为止。

前几天，和哥们儿一起吃饭，说到投资。他不缺钱，但他是我目前见过的最开放、最清醒的投资人：

"我们不能一错再错，不是不想去冒险，而是比起冒险，我们更愿意做一些不会错但需要时间才能做得更透彻的事，直到把这件事打穿。"就和通关打 BOSS 一样。

我十分认同他的话。

如果"笨蛋"说的是心态和外界的评论的话，那么坚持，是"像笨蛋一样的坚持"里的具体行动。

坚持是为了什么？

就是为了比任何人都更用心一点儿，比任何人都更刻苦一点儿，比任何评论都更客观一点儿。

坚持的目的是什么？

坚持就是为存活下来，将那些阻挡自己前进的外物一个一个地打破，让那些看不懂自己的人信服，让那些掌握了很多资源却不做正经事的人"破产"。

坚持的终点是什么？

坚持就是与世界对话，让世界给我们一个交代，坚持就是打开一扇又一扇的门，最后让跟前的世界和我们谈判。

坚持就是为了让我们透支了所有以后可以有底气地说：如果这次不行，我们就再来一次。当然，只有像笨蛋一样

坚持梦想，才能听到宇宙的心跳。

坚持，才能逆袭。

　　是的，在我们身边，有些人确实很笨，有些人的想法确实很傻。

　　在我们早不知如何感知万物的世界里，难道我们不是应该更卑微、更谦逊、更包容地面对那些懂得坚持的人吗？我们有什么资格去嘲笑他们？我们又有什么资本去说他们笨呢？

　　尊重每一个渺小的梦想，我们才有可能被每一个更加渺小的心愿而感动。

　　只有当每个人学会如何正视别人的卑微，正视平凡大众的梦想时，我们才能感受到世界的那一份浅薄的爱意。

　　只有尊重别人梦想的人，才能逐步找到自己的梦想。

　　最后，一句话共勉：如果世界把我们当棋子，我们也可以把世界当棋子。♛

成为高智商女孩儿的八个常识

很多姑娘问我，大雄先生，男人到底喜欢怎样的姑娘？男人都如何挑选心爱的姑娘呢？

谁能知道自己什么时候爱上一个怎样的人呢？谁能判断爱情来临的步伐？谁又能控制自己的感情呢？

我们其实都做不到坚守自己的原则或者审美，我们能做到的只是爱一个足够爱自己的姑娘。毕竟，比起各种漂亮好看的姑娘，我们更愿意选择一个高情商的姑娘。

那么，如何才能成为聪明而富有魅力的姑娘呢？

第一个常识：爱男人 100% 时，爱自己只有 10%

我身边很多女孩儿很单纯，她们爱男人 100%，爱自己不到 10%，但正确的爱绝对不是这样的。对女性而言，正确的爱应该是，对待男人 100% 投入时，爱自己至少 101%，甚至要 200%。

其实真正懂得爱你的男人，并不希望你有多爱他，而是希望你能更爱自己。所谓的真爱，对男人而言就是不索取。如果我爱你，我一定不希望你为我做什么，而是希望你能为自己做什么。

一个女人把自己的日子过好，她的男人才有面子。同样的，只有一个极其懂得照顾自己的女人，才能让她的男人放心，才能让她的男人全身心努力奋斗，拥有自己的事业。

这个道理，我也是后来才知道的。

我年轻时很傲娇，在此，必须向 H 小姐道歉。当年 H 小姐追我时，我没什么感觉，所以为了戏弄她，甚至说是为了让她死心，就约她去欢乐谷。

在那周一的上午，我们玩了三十多次蹦极。后来，H 小姐直接吐倒在路上。

我问她："你还喜欢我吗？"

她说："喜欢，我们继续吧。"

最后，我们玩了五十多次蹦极。H 小姐后来很感慨地说："大雄，我想无论我们最后在不在一起，我都不后悔了，我再也不会那么傻了，也再不会有男人让我这么傻了。"

故事最后，我们依然没有在一起。

"你已见过全世界最坏的男人了，所以，你以后无论遇见谁，都会比我好，这样的你，永远不会失望。"

现在，回忆起来，故事过去快十年了。到今天，我依然认为我伤害了 H 小姐，我应该向她道歉。

第二个常识：工作与爱情产生冲突时，选择了男友

女人是必须要有事业的，没有事业的女人就像浮萍，尤其在爱情并不怎么可靠的时候。

以前，我很不赞同的就是姑娘加班时带男友到公司陪伴。

我对这样的行为，只有三个观点：

a. 你不自信，不自信才需要看着自己的女友吧；

b. 你太溺爱女友了，我从不认为盲目付出是好事，你会为自己去对方公司秀恩爱的行为感到后悔；

c. 你太不懂事了，你完全可以在家买菜做饭当暖男然后等自己女人回家，何必到对方公司浪费时间。况且，有男友陪伴的工作效率特别低。有男友在，姑娘工作更不专

心，说不定导致持续加班，还不如让她早点儿完成工作早点儿回家呢。

爱情和工作永远不是一码事。

同样，对女人而言，一个有事业的女人才会被男人尊重，获得男人更多的关注。而如果你为了自己男友选择放弃工作，会导致三个后果：

a.男友会觉得自己很重要。你越在意他他越觉得你烦，你越不理他他越犯贱去关心你哄你。你把男友放到那么重要的位置，说明你太离不开他了；

b.你会因为男人而忽略工作，因为不专注，你很难被委以重任。天天为爱情折磨得自己死去活来，老板当然不敢重用你；

c.一旦爱情失败，你就会很惨。一个围着自己男人团团转的女人没有魅力。你黏他的时候全世界都知道，毕竟谁也不想每天听到：啊？就是某某的前女友吧？

第三个常识：一个人住的时候，浴室忘了铺防滑垫

每次认识一个新的姑娘，第一句话都是：你一个人住吗？

这样的发问总是让对方误会，很多姑娘一听就会提起警惕心：你什么意思？你是想约我吗？

我每次都解释说不是不是，我是说，如果你一个人住，浴室记得铺防滑垫。

关于这点，女神苏西黄就曾错过一次：洗澡后滑倒在地。

据她回忆，那个时刻要多凶险就有多凶险。你想想啊，你刚洗完澡，而你的手机一般不会带到浴室，你躺在地上无法动弹，你想找人帮你都找不到。

上次摔倒事件让苏西黄同学受了重伤，右膝盖韧带拉伤，软组织大面积受伤，在家躺了一个月。

这样的事情，我真的不希望姑娘们遇上。

第四个常识：和三姑六婆走得太近

逢年过节，大家都会遇到这种情况。

无论怎样的女性，无论是结婚生育还是事业，总会被三姑六婆打扰。

在我看来，三姑六婆绝对是这个宇宙上最奇葩的存在。

她们打心眼里确实关心你，但如果你和她们走得太近，那可不是孝顺，那是要了你的命。

她们是一个家族里最无所事事的人。虽然我们不应忽视她们的善心，但也千万不要试图和她们讨论问题，因为以她们的世界观连跟自己的孩子都无法交流怎么可能跟你有营养地交流呢？更危险的是，有时你会被她们的观点侵蚀，思维会变得越来越老化。

当然，如果你想一夜变老的话，完全不需要三姑六婆。你养只猫往小区楼下的废弃沙发上一个"葛优瘫"，撸着猫毛晒太阳就老得不像样了。

第五个常识：按照身边人的眼光找男友

你选男友，还是你为身边的人选男友？

很多姑娘选男友特有趣，明明自己喜欢 A，却拿着 A 和 B 去问身边人，结果身边人推荐她选 B。这种不尊重自己内心，不按自己意愿选男友的行为叫"为别人的爱而爱"。

这时候，你就要小心啦！一旦你用世俗标准去找大家都认为好的男朋友，你会很痛苦，因为你满足了所有人的期待却无法满足自己的内心。

所以，谈恋爱必须走心，不要用外界世俗的标准去选男朋友。多少爱情死在"其实我不是那么喜欢他，只是我父母觉得他还不错"。

如果你问我什么叫真心喜欢，我会告诉你，哪怕是全世界都不接受他，你也会为了他奋不顾身；哪怕你最后选择的是错的，你也不后悔经历了一次刻骨铭心的爱情。

这样的爱情很美，一辈子无论怎样都要经历一次。

第六个常识：为了结婚而结婚

中国女性"恋爱很谨慎，结婚很轻率"。

很多女孩儿在谈恋爱时认为自己很年轻，有姿色、有底牌、有青春，仿佛全世界都高攀不起。而一旦到了婚龄，就瞬间陷入一个错觉，担心没人会娶她，于是她们开始焦虑、失眠、忐忑不安、迫不及待。

其实，结婚和创业有相通之处，就像是寻找一个合伙人，需要观察、判断、磨合、体谅。现在的女孩子经常为了结婚而结婚，我身边的姑娘基本都很快结婚又很快离婚。

千万不要为了有个人可以照顾自己而结婚。这样的牺牲太得不偿失。

犯一时的错误可以，但不要犯一辈子的错误。

第七个常识：认为爱自己和爱别人是矛盾的

爱情是双方的和谐和灵魂的进步。

千万不要以为爱自己和爱对方是对立的。千万不要因为你爱他而迷失自己。这样的爱情到头来并不好受，你几乎会赔上自己所有的一切。

虽然我们没有人可以把控爱情的所有，甚至到最后或许你也并不会后悔，但这样的牺牲毫无必要。最可怕的是，你以为自己做到了100%的努力，而他却在你跟前说："你何必这样呢？我又没有要求你做什么……"这真的很不值。

当然，我也明白，爱情毕竟是盲目的，觉得世界上一切美好的东西他都值得拥有，一切喜欢的美好事物你都想献给他。

在两人相处中，你太在意他，反倒会给对方造成恐惧，让对方感到压力。最后，很多原本风平浪静的爱都因一方用力过猛而使一方招架不住，最终分手。

第八个常识：觉得自己老了就不参与新鲜事

你是不是也会感慨自己老了？不像以前那个环游世界、

热爱摇滚和热舞、各种 High 的姑娘了？

其实，对女人而言，无论自己多少岁，都要和好玩、有趣的人在一起。一个高情商的姑娘是永远不会给自己限制的。她们保持对世界的好奇，并且充满热情，勇敢地生活。

永远都不要认为：哎呀，我都多大岁数了，不适合玩这个，不能玩那个。

哪怕你到了八十岁也可以去学滑雪、冲浪、潜水。千万不要说再不疯狂我们就老了，事实上是还能疯狂，所以不会老。

我们人体内每个细胞和 DNA 都存在着学习的潜能，它们不受你的兴趣的限制和影响，一直在自动学习。它们承担的不仅仅是你身体的一部分，更承担起了整个人类文明发展的职责。

所以，我们应该像年轻生命中的细胞、基因、海马体一样，无论年龄多大，都以海绵似的热情和饱满去汲取新的东西。

像少年一样，对世界保持好奇，向万物学习！👑

喜欢从不是什么奢侈的事，
世界从未阻挡你去拥抱

/

1

你喜欢什么？你快乐吗？

我遇见每个值得我珍视的人都会问。

在我看来，绝大多数人的痛苦都源于无法理解自己作为独立个体存在的意义。

我们仿佛总被绑架，被老板、被工作、被婚姻。我们从来都没想过生活是什么样子的，我们只是活着，一丝不苟地算计，平庸无趣地变老。

我们像机器的齿轮，总不会停下，因为不愿意停下，所以我们就像长跑中的落后者一样，节奏不是自己的、方向不是自己的、频率不是自己的，被人牵着走。

所以，很多时候，我都会劝身边的人，停下来。

停下来问问自己：到底想要做什么？到底喜欢做什么？

一辈子来人间一次，还做不了自己喜欢的事，多可惜。

2

停下来真的很难吗？

是不想，还是不舍得放弃？

人都是自己绑架自己的。

因为你曾经投入过很多心思和精力，你不想投资失败，所以不愿意去冒险、去换行业；因为你当初选择了这样的生活，你不承认自己错了，不愿意接受自己当时很天真的错误判断，所以只能将错就错；因为你觉得现在的工作很安全，不用承受风险，所以不愿意尝试，害怕下一份工作更不如意。

所以，在人人都应该做"脑"的时代，你做了"手"，甚至，你只是手套而已。

白手套，不留任何痕迹的白，你没有价值、没有积累、没有共鸣，更没有自信和乐趣。你只是做了手套，一副可随时清洗、更换的手套。

你的一生，早已缺失了人的灵性。

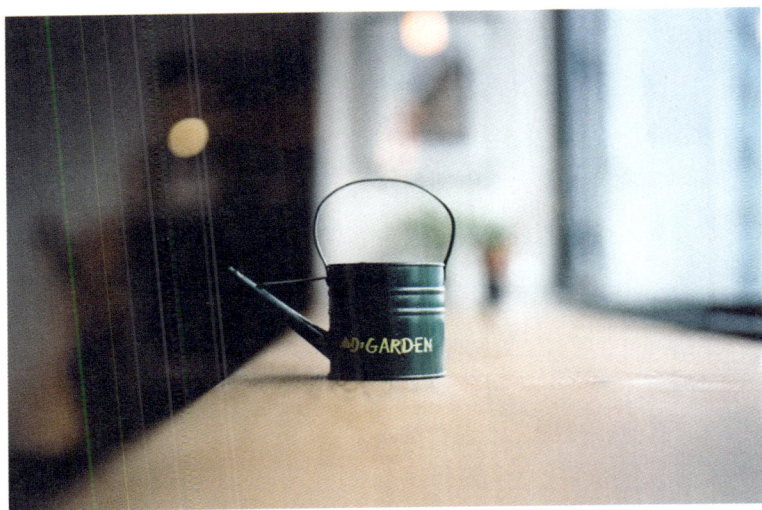

喜欢，是一种镂刻灵魂、塑造品性、炼铸心智的修行。

3

我也问过很多人，喜欢什么？

真的喜欢吗？

我见过太多太多以为很懂自己的人，喜欢这、喜欢那；我也见过各种天花乱坠、计划满满、灵感爆棚的人。前几天刚拉黑一个姑娘，她说她要做影视宣发和时尚传媒，我和她用了四小时梳理如何利用手头资源去做这件事，然而一周后，她告诉我她准备去做美食了。

我直接拉黑，她浪费的不是我的好意，而是宝贵的时间成本。

那些只说不做的人，实在太多。

所以我选择远离，远离那些一直在选择、从来不真枪实弹去做的人。

太多对各类领域感兴趣的人，他们浅尝辄止、知难而退、唯唯诺诺、见异思迁，他们从来没有客观而认真地面对过自己的喜欢。

他们对自己的喜欢不负责。

喜欢成为他们的幻觉，以为喜欢摄影，就是摄影师；以为喜欢做菜，就是美食家；以为喜欢运动，就是健身教练。

在我看来，做不到极致的喜欢，都是妄谈。

4

喜欢从来都不是一件容易的事。

我希望你能对你喜欢的事物足够尊重。

不是为了喜欢而喜欢，也不是心理安慰，更不是外皮的包装。

喜欢意味着付出。喜欢音乐的人不去刻苦练习，那你就乖乖做个安静的聆听者。

那些口口声声说"喜欢一件事情其实很奢侈"的人哪叫喜欢，只是找借口而已。

这个信息互通、资源共享的年代，如果你喜欢某个事物，可以找到很多学习的途径，也会为自己的喜欢挤出时间。

一切做不到的，都叫假装喜欢。

一切不尽心的喜欢，都是耍嘴皮。

5

喜欢并不奢侈，享受的才叫奢侈。

不是每个人都有天赋，事实上，一切的技艺都来自刻苦的训练和精力的投入。

任何领域，如果你喜欢它，都会经历三个阶段：

第一个阶段：好感，并且好奇。

你会发自内心去尝试，会觉得很有趣。当然，也有一些门槛比较高的必须要克服困难的领域，例如钢琴，除好感之外还需要坚持。

第二个阶段：枯燥，持续训练。

这阶段是你寻找自己角色和位置的时期，很枯燥。你开始发现曾经好玩的东西不好玩了，你开始怀疑自己的喜欢，甚至迷茫，不知如何突破。这个阶段是需要交流的，需要和身边的高手互通有无，彼此学习，但很多人到这一步就放弃了。

第三个阶段：风格，自我特点。

这个阶段的你发现，原来喜欢的东西不枯燥了，因为你拥有了观众，他们围观，他们喝彩，你开始明白自己坚持的东西是有意义的。

很多人通常第一步就离开了，有的坚持到第二步，又因为缺乏耐心，最后放弃了。所以，我经常说，你要珍视自己的眼光，对得起自己的选择。

如果你喜欢的东西那么轻易就能完成，那它有什么理由值得那么多人付出一生的时间去历练呢？它又有什么值得你喜欢呢?

喜欢,不是逃避工作的理由,喜欢是对自己的另一种刻薄。

喜欢,是一种镂刻灵魂、塑造品性、炼铸心智的修行。

6

高级的喜欢是成为传播者。

你能通过自我能力的展示去分享快乐吗?

真正的自信和成就感,不是自我催眠,是你给予世界,世界在接受你的信息后给予你的回馈。

如果你喜欢某个东西,就必须出色地掌握,让更多人喜欢同样的东西。在这样的行为中,你是传播者也是教授者,是布道者也是奉献者。

如果有一天,你将个人爱好变成改造社会审美、提高社会品位的一种实践方式,或许就会找到自己的使命和价值所在。

这才是真正的、经得起考验的喜欢。

只要你足够用心和刻苦,喜欢从来都不是奢侈的事。

因为世界真的会和你温柔以待,从不拒绝你去热情地拥抱它。

147

有趣是一张人生底牌，
让我们逆境崛起

Chapter 5

有趣，是一种高贵的品质

1 很多男人不懂幽默感

以为讲冷笑话就是幽默感，结果只会弄得女性很尴尬。

有一次，我在三里屯的酒吧和一群朋友聊天。那时有一个长得特好看的姑娘，是《杀生》里的女二还是女三（那是部男性电影，所以女二或女三其实就是配角）。小姑娘气质很好，电影的阅读量也足够，我们聊得很愉快。

后来，来了一个我的好朋友，他人品没什么问题，就是很爱吹牛和说段子。结果那姑娘听到一半就不耐烦了，用粤语和我说，北如额地出嘿饮也杯（不如我们出去喝一杯），于是我们就换个地方聊天去了。

我那个好朋友问我俩后来怎么走了，我没好意思告诉他。

其实，有很多段子是不应该在姑娘面前讲的，不要以为那样就是幽默感。虽然很多女孩儿喜欢幽默的男人，但不是所有的女人都喜欢讲冷笑话的男人。

2 幽默感，其实就是有趣

有趣是个宏观的概念，我经常说有趣的将打败无趣的，但我从没谈过什么叫有趣。

对我而言，有趣有三个维度。

第一维度，有趣是知识结构的完整；第二个维度，是乐观进取的心态，有趣的人不会给任何人带来压力，甚至会给人很舒服的感觉；第三个维度是逆境生存的有趣，这点特别像自黑，是一种吐槽的力量。

有趣的第一维度：知识结构的完整。

很多人对世界不好奇，也没有想象力。其实不是他们不热爱生活，而是他们阅读量太少。

他们不会读法国诗人蓬热的书，他们不知道其实石头也是有生命的。他们不懂西方艺术史，他们更看不到艺术背后的苦难。他们从来没了解过行为艺术的本质，看不到艺术家对整个社会关系的担忧，也感觉不到那些世界深处的悲凉。

同样，因为不了解服饰、珠宝和潮流的起源与发展，当他们看到一个打扮得恰到好处的女人时不会欣赏。

所以，世界在他们眼里是统一的，没有区别。不是他们无趣，而是他们关闭了自己的感知。因为知识结构的匮乏，他们看不到微观世界的区别。

有趣的第二个维度：积极进取的心态。

因为女人的迟到而错过一次旅途，你不妨说，或许我们有别的选择，不如我们换个目的地；当一个女人为你做蛋糕结果却搞砸了的时候，你不妨从背后搂着她的腰，和她一起重新做一次。我没有办法陪我的女人，所以我一般是在她做好蛋糕后帮她洗厨具和清理烤箱。

男人一定要学会原谅一个爱你的女人，你不知道她有多认真。她只是缺少了一点儿天赋，但这是可以理解的。

当然所谓的乐观是哪怕我们面对严肃的死亡，我们仍然需要一点儿"乐子"。

奶奶去世的时候，我在大连做项目。我妈一直不想告诉我，其实他们应该早点儿告诉我的。我到南方的时候，奶奶已经成了一包骨灰。我用手去抚摸它，那滚烫的温热让我哭成狗。

我想起奶奶每次在我失眠的时候会抚摸我的额头，管我叫囡囡。（虽然我是长孙，但她总是觉得男孩儿和女孩儿一样需要疼爱）

我父亲在面临自己母亲的离开时，已悲伤得不成样子。我和他曾经无数次打架：我第一次抽烟的时候，我不听他话的时候，他不给我尊严，我也不给他面子。而在那个瞬间，我发现父亲的形象萎缩成一个孩子的身影。

我点了烟，在老家的门前看着星空，我一点儿都不知道如何安慰我父亲。我说，我们打个赌好了，或许我下一个孩子就是我奶奶，我会把我能拥有的一切都给她。

这时，我父亲才稍微冷静下来，坚持到最后的葬礼，相对体面地送完自己母亲最后一程。

我拥抱他，我说，感谢那个女人让我学会什么叫慈悲、隐忍、宽厚和善良。这是我受用一生的财富，我无比感谢她。

这就是我所谓的有趣，在最困难的时候，能帮自己在意的人去面对。没什么比活着更重要。

有趣的第三个维度：有趣是一张人生的底牌，让我们逆境崛起。

我决定创业时，遇到一场灾难。我那时因为太劳累全身免疫力失调，我天天去医院打点滴。

我那时候绝望极了，但我也是在那个时候突然快乐起来的。我开始研究医疗系统的人员安排、流程和考勤，和护士聊天，问问她们对老龄人医疗养老的看法等。

那是我什么事情都没做的一周，也是我想问题最多的一周。

我感谢上苍给我的一切，让我慢了下来。我开始发现，其实很多事情是需要剥离的，这点对注意力极其分散的我而言，十分重要。我开始给人生做减法，虽然现在我要做的事还是很多，但我已经找到了重点。

经历过才明白，你活在这个世上，不是你现在拥有什么，而是你失去一切，甚至连朋友都失去的时候，你还真正拥有什么。

这样的感觉又美好又糟糕，美好的是你可以靠自己了；糟糕的是，过去的那些光环都是幻觉。这样的经历会让你变得更强，就像打架多了生出来的茧，是另一种保护。

3 怎样做到我所说的有趣

首先，你要保持阅读，这样才会知道自己的潜力，也只有这样才会发现世界上很多未知的事情等你发现；

其次，你要乐观地去帮助身边的人，有趣是一种乐观的能量，会鼓励你身边的人变得强大和自信；

最后，有趣可以让你在看似平淡无奇的岁月中找到"浅薄"的快乐。有趣是想事情和判断问题的切入点，让你逆境生存。

可以输，可以倒，但不可以不站起来，战争还是要继续的。当然，要目光长远，也要低头看路，踩到狗屎，就要提醒自己该换双鞋了。♔

有趣可以让你在看似平淡无奇的岁月中找到"浅薄"的快乐。

世界一开始就充满残缺，
所以才有重新修补的机会

1

我很少谈论女人的过去，它会让你不舒服，像智齿般，隐隐作痛，用宋冬野的歌名说就是"平淡日子里的刺"。

这让我想起了我的三个哥们儿。第一个哥们儿坚持只要没有过去的女人，他一直坚持到三十五岁，一直也没有遇到值得交付自己的女人。而另一个哥们儿，见到姑娘第一句话就是"你是处女吗？"姑娘莫名其妙回他："你是不想负责吗？"哥们儿解释说："我害怕处女。"

他们像镜子的两面，都太刻板。

2

我的第三个哥们儿，在"有过去"和"没有过去"之间徘徊，最后和一个离异的女人结婚了。

记得那是北京的下雪天，那个女人的前夫醉后家暴，女人一直从天津跑到了北京。哥们儿住通州梨园，于是他们在梨园的破平房里烧着开水取暖，度过了北京最冷的冬天。

哥们儿后来和那个女人结婚了。

一开始，我以为他很幸福，毕竟他们经历了那么多艰难才走到了一起。后来我才知道，他每次和那个女人相拥而眠时都会怀疑她的日常。他一直想，她白天做了什么，她和前夫还有没有联系，她是否真的爱自己。

我觉得，既然能够接受她并跟她结了婚，还想那么多干吗？

哥们儿笑笑说："你知道的，她毕竟是有过去的。"

我也笑笑，你明白的，正因为她有悲剧的过去，所以才更需要你来爱。

3

你无法确信每个人的过去，不同时空的身体流浪。你什么都无法确信，包括接吻的方式、恋爱中说过或遗忘的情话、海马体柔弱末梢不时释放的信息。

你唯一确定的是你爱或不爱她。

况且，世界可能很早就是残缺的。

"每样东西都是破的，"约翰·伯格很多年前在《我们在此相遇》一书中写道，"每样东西——那些山脉，那些麦秆之海，那个在下面荡啊荡的小孩，那辆车，那座城堡，每样东西都是瑕疵品，而且打一开始就有缺陷。"

所以，地球上需要死亡，需要诞生，就是为了给那些一开始就坏了的、有缺陷的东西，在死亡之后有个重新修补的机会。

4

比起脆弱、患得患失、留恋往昔的青涩女子，有过去的女人更漂亮、自信、多情、独立、敢作敢为。

而我更想说的是，面对有过去的女人的坚韧外壳，男人更应给予她们耐心与包容，更应该给予她自信和美丽。你唯一遗憾的是你们没有及时遇见，你值得欣喜的是你们终于没有错过。

因为没有错过，所以更好地去理解幸福。

无论有没有过去，对我们每个人而言，所有的幸福的核心处，都存在着一种不大不小的不幸福。当我们回忆自己或别人的过往，你会痛苦或者颤抖，但正因为那些隐忍的苦衷，让你变得更坚强更豁达。

　　很多时候，生活本身需要的并不是幸福而是痛苦，因为痛苦更让人警醒。♕

总想回到过去，不如活得游刃有余

/

1 人为什么总想回到过去

二十岁那年，身在北京的我从梦中醒来，无比沮丧。我发现自己十八岁前订的计划没有一样是落实的。我开始质疑自己过去的二十年，我发现自己并没真正变得强大、富有和衣食无忧。

二十五岁那年，依然在北京，我从梦中哭醒，除了发现曾经爱的人不在身边外，更多的是一种深深的自责，我突然发现自己成为原先最讨厌的那类人。

三十岁之后，每次喝酒总会听到身边朋友感慨十年前我们的江胡帝国，我们的文学盛世，也总会听身边伙伴谈起如果时间重来会怎样？

后来我就觉得没劲了，人人都在回忆自己过去多厉害，而事实上是人人都在逃避，逃避现在的我们，既活得没人样，更没有做出任何一件让自己骄傲的事。

但无论怎样，想到回忆里的时光，想到如果能回到过去的林林总总，多少还是令人神往。

我也曾问过很多人，如果有一台时光机，那你是想回到过去还是去到未来。多数人会说想回到过去。

他们说，过去是人生最美好的时刻。

2 原来是像鸵鸟一样刻意对当下视而不见，故意回避

过去是人生最美好的时刻，每次我听到类似的说法就很怀疑。这一句乍一听很有理，但仔细想想又觉得不对。

所谓"过去是人生最美好的时刻"，很多时候表达的是迷恋那些年少时代的安全感。就像三十岁回想起二十岁，我们依然会羡慕那个年少轻狂敢爱敢恨的自己。一切如此美好，犯再多错也不惧怕付出代价。

这样顺次倒推，当我们回想起二十岁时，我们也同样特别怀念十岁的我们，那么简单，一尘不染，只有奶油、巧克力、饼干混着吃的午后。

在这样的逻辑里，我们羡慕年轻的自己。

因为，年轻就意味着一切：资本、潜力及关于未来的无数可能。但实际真的是这样吗？

我们羡慕的年轻无非是自我放纵，而我们贪恋过去的时光也无非是那时的我们无须承担太多责任、被父母照顾、永远不需要付出疼痛的代价、无忌任何身体的挥霍罢了。我们在那个时期一直是被照顾者、被宠爱者而已。

所以，很多人认为的"过去是人生最美好的时刻"，其本质就是，像鸵鸟一样刻意对当下的现实问题视而不见，故意回避。

很多时候"想回到过去"的幻觉会成为糖衣炮弹俘虏我们的心，让我们更加怯懦更加软弱。

3 重要的是你怎样理解过去

五年前，我曾参加了一个聚会。会上我遇到一个朋友，他原来是做对冲基金的，后来自己转去干实业。

当时我们谈及"是否想回到过去"时，他想了想说："不想。"

他说："如果回到过去我未必能完成同样的正确率。大雄，你知道的，我们做对冲很多时候都是在赌。如果让我重

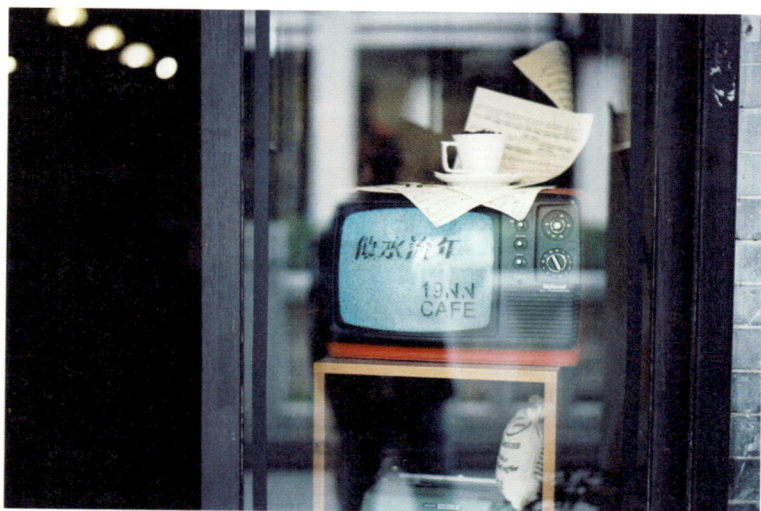

优雅地与世界相处，不再宣称改变世界，
而是悄悄改变自己。

新经历一次，我并没有太多信心。或许，我会能赢得更多，但同样，我也有可能输得更多，回到过去未必能让我更好。"

回到过去未必会更好，是做对冲基金的朋友的回复。

后来我又问了一下北大的高才生："你们想回到过去吗？"

结果我收到的大部分答复是不想。他们的思维模式基本一致，认为回到过去毫无意义，因为现在身处的时代比过去的时代好太多。过去与现在比，离未来又远了一步。

这样的回复让人激情澎湃、充满期待。

再后来我遇到了宋卫平，我问他如何看回到过去的问题，他想了想，告诉我下面这段话。他的大概意思是：过去的一切成全了今天的你，回不回到过去都毫无意义，人生关键在于总结。你在不同时间点承载的使命和责任不同，躲不掉，也回不去。

得失随时间和对责任的理解而转化。这是宋卫平的逻辑。

从朋友到北大学子到绿城董事长，很难去评论到底哪种说法更对，但他们的回复里，都有一个共识，那就是思考问题的客观性和对当下的警醒。

过去发生了什么并不重要，重要的是今天的你怎么理解过去。

理解过去，直面现在，和过去的自己告别，和曾经想象中的幻觉告别。学会如何判断得失，在那些不尽如人意的意外前一笑而过。

当我们做到这一切，便获得真正游刃有余的从容。

4 真正强大的人，自然懂得游刃有余

当从"回到过去"的念头里走出来，当开始正视当下必须面临的问题和困惑时，我们才会在越战越勇的生命里锻造出灵魂的成色：

及时从过去的经历中总结出不足，不再重蹈覆辙。在这样的认知里，过去的一切得失都充满价值。

客观审视自己真实的内心，不过分追求浮华生活，更看重日常的美好。

系统地分析自己的朋友圈子。包容别人与自己不同的观点，平和待人，为人谦和。

平静地面对机遇的来临和命运的磨难。

优雅地与世界相处，随心所欲，不逾规矩，不再宣称

改变世界，而是悄悄改变自己。

学会优雅地告别过去，真正明白"不计较、不将就、不喧嚣"，将优雅精致与道德修为内化于心，在喧嚣的世界里保持独立思考，最终，通过内心的纹路而不是外界的眼光去发现自我，认识世界。👑

恰恰是她的不完美，
成就了你整个人生的完美

/

1

这两天，很多姑娘问我的问题都和完美有关。例如，我特别喜欢一个男人，但我觉得我不够好，我自卑怎么办？又例如，跨年夜我男友把我甩了，他和我说他遇到了一个比我好太多的女人……

有时我看到这些问题，真不知是忧伤还是无奈。傻姑娘，情人眼里出西施，如果他觉得你哪哪都不好，不是你不够完美，而是那个男人真的不够爱你。

2

我爱的姑娘就是一个不完美的姑娘。

她第一次遇到我的时候就问我："你会不会有一天把我

甩了啊？你看，世界上有那么多年轻漂亮的姑娘，她们有模样，有身段，有……你会把我甩了吧？"

我当时满眼宠溺地说："不会的，因为我喜欢你，你就是最好的。"

现在回想起那段不要脸的情话，还是把自己感动了。

千斤难买心头好，你喜欢一个人或者讨厌一个人，和完美没半毛钱关系。完美不应该是标准，更不该是借口。

换言之，完美也是缺乏标准的。任何人只要你和她深入生活，你自然会发现原本看似完美的她或许就不完美了，你当时的判断也许只是梦境。当然，你也会发现，一开始不怎么完美的她其实还不错，有很多闪光之处。

绝对的完美或者不完美，是不存在的。况且完美的东西往往不那么真实。

我的一个女性朋友出生于演艺世家，家人大多从事电影和戏剧事业。她气质不错，也很有才华，所以从小就受大家的关注。

至今，我依然记得那年穿着旗袍的她，落英缤纷下，年华正好。

后来，我们遇见，她问过我："你觉得我丑了没有？我特别害怕变老，也特别害怕自己变丑。"

说实话，之后的她总给我"塑料花"的感觉，不真实。

丰胸的硅胶、加长的下巴托、垫高的鼻梁都是塑化的，它们永远光鲜，不随时间颓败，却像塑料花一样，没有鲜活的灵魂。

3

早早被定义为完美而不可颓败的东西，不真实，因它过早完美，人们必须小心翼翼。

其实，完美不应该是一个时间点的概念，而应是一个时间段的概念。你可以通过自己的努力，耗费精力，点滴雕琢，最后把不完美变成美好。

爱上一个不完美的人，用一生的修为让她变得完美。这样，当你回顾自己的一生，因为有了这样的初衷和坚持，你的人生开始变得完美。

也许，在你遇见她之前，她经历过某些失败的爱情：她用文身修补过自己内心，身上留有疤痕；她可能还被前任骚扰，这事让你闹心。但这一切都不重要，重要的是，此时此刻，你喜欢她。她虽然经过那么多的疼痛，依然能够勇敢地面对你，没有什么比这样的爱更伟大的了。

所以，此时此刻，你唯一要坚信的就是，正因为失败的过去让她如此不完美，你才有了让她重新变完美的机会。让一个人变得更好，是一件很美妙的事。

一年后，你发现她已经开始给你做牛排了，你开始怀念她曾经咸到苦的西红柿炒鸡蛋；

两年后，她开始动手绘画，自己设计服装款式，她开始和你说："我选了半天，发现还是丝绸最性感舒适"，这时你会想念她第一次帮你买丙烯买成了广告颜料的囧态；

三年后，她的身材有了变化，那个混迹北京三里屯各大酒吧的姑娘生了一个宝宝，你用尽全身力量扶着她上厕所，因为耗费了全身的力量，晚上吃饭时你连筷子都拿不稳，你会怀念那时她穿着露背装在三里屯和你对瓶吹威士忌的美好日子；

四年后、五年后、六年后，你们开始用眼神对话，每个人或许都找到了彼此的使命，你们终于忙得连一场电影都来不及看时，你会无比怀念那时她躲在被窝里半夜喊你去买薯片……

或许，等你们老得不能再老时，你们又会想起第一次相遇的时候："因为我喜欢你，你就是最好的。"

希望那时你会明白，恰恰是对方那么多的不完美，成就了你整个人生的完美。♛

171

哪有什么爱可言，只是不想输而已

/

1

我觉得我的人生是 G 毁掉的。G 一定不知道我在 13 年后还会想起她，但她的确改变了我。

十九岁那年的一天，我和一哥们儿在后海酒吧喝酒。快打烊的时候我收到一条短信。短信内容很简单：你在吗？

我当时刚刚结束一场伪爱情的纠结。有个姑娘当时为了让我接她电话，一次次换手机号给我打，以至于当时接到 G 的短信时，我以为是那女孩儿，就没理会。

第二天，短信又来了。我直接回复说：别闹了，我对你没兴趣。

结果对方给我回了句：我叫 G，我在南昌，我不是你说的那个女孩儿。我会给我想到的号码发短信，一直没有人回，想不到，你会回。

2

她身上有吸引我的所有气息，聪明、鬼马、可爱，所以我把大量时间用在了她身上。

所以我们恋爱了。我是那个时候开始异地恋和柏拉图的。

她说："我在华东交通大学，要不我去北京看你。"

我从不认为她的话是真的，我当时也不知道她的背景，我就随口说："好的呀，等你咯。"

结果她真的来了，4月1日。这个小恶魔知道我的所有弱点，她竟然愚人节来的北京，而且到了北京西站。

她到了北京后给我打电话，那时我正在学校篮球场玩。她说："喂，我到北京了，你快来接我。"

谁信啊，我就说："好好好。"然后继续和哥们儿一起玩。

我接电话时是中午十一点，然后我把这事忘了，结果晚上上完选修课后电话又响了。她说："我真的在北京啊，我没有骗你。"

我说："别逗了，今天是愚人节。"

她说："你等等啊，我让身边的人和你说。"

结果……是北京西站永和豆浆的服务员和我说的："小伙子你快来，这个姑娘已经坐了一下午了。"

我挂电话后就直接跑西站去了。

3

那是我第一次见到她。一个南方女孩儿，平胸，腿很短，身材像一张白纸，只有她的脸是能看的。这真的是一个只可以看脸的女孩儿。

但就是这样的一个女孩儿把我整个十九岁的夏天弄得找不到方向。我不知道她怎么会那么闲，她总是瞬间可以到北京，但从不停留很久，两天就走。她对我也很好，一直说很喜欢我，问我要不要和她结婚，我一直没答应。

我们就这样斗嘴斗了一年。她是摩羯座，这个星座的女人霸道又让人无压力，很诡异。

4

她父母和我关系也很好。她父亲曾经问过我对中国高铁发展有什么建议，我当时觉得国家未来关我什么事，于是说了几个关于高铁可能会带动城市化发展的案例，当然是我从网上查的。

　　她又陪了我一个夏天，就是那个夏天，我记住了北京胡同里的樱桃味、西瓜清香，还有北京突然下大雨的声音。那时 G 问我要不要读研，要读的话其实可以选择去南昌。

　　我犹豫不决，没有答复。

　　她在北京待了整一个月，然后回南昌了。

5

　　G 回南昌后就消失了。

　　她不见了。她消失了足足一整年，我疯了。

　　我开始找所有和她相关的联系方式，我连她们学校的 BBS 都刷了。我找了所有她的留言、她的记录，但我改变不了的现实是：她真的整个人人间蒸发了。

　　直到找到她的大学校友。她的大学校友说 G 出国了，全家移民到温哥华了。

　　我当时死的心都有了，我真的很痛苦，很艰难才度过了那段漫长的日子。

我觉得她改变了我的整个人生。

又过了一年，我生日那天，我正和新交的女朋友喝酒，突然我电话就响了。接到 G 的电话我还是蒙了。

她说："我在北京待两小时，我就在海淀图书大厦，你马上过来的话还能见到我，我会告诉你一切。"

6

我连跑带打车带地铁带公交几乎是冲去的海淀图书大厦。我还记得是三层，我给她打电话，她没有接，我就一个人接一个人地去找。

这时，我才发现我根本不记得她的样子了。

不过，我当时心想，我必须找到她，她改变了我的一生，我的一生就是这样被她毁的。

后来电话响了，是她，她说："喂，那个口口声声说要找到我的男人已经不记得我的样子咯！"她还是一如既往地幼稚，跟小魔女一样。

她突然出现，揍了我一拳，然后在人山人海中，在全是图书的世界拥抱了我。

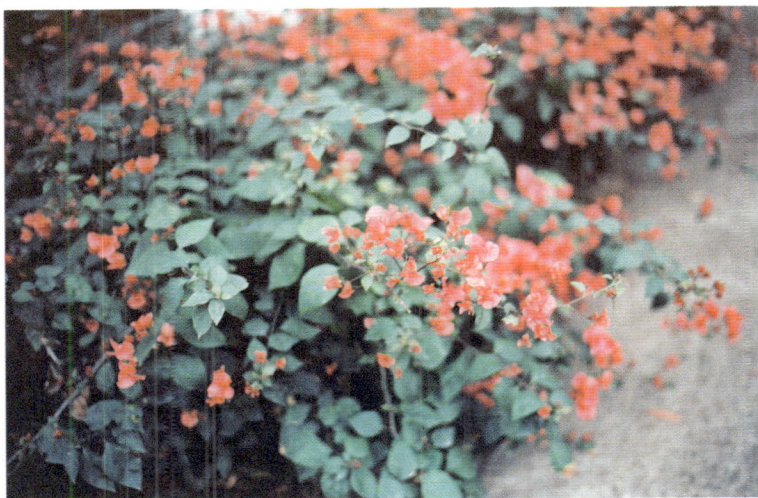

十九岁的那个夏天，
我记住了北京胡同里的清香和突然下大雨的声音。

我说："对不起。"

她说："为什么要说对不起，我知道你去找过我。但今天我要把所有都还给你，你还记得那次我来北京你不来见我的事吗？你还记得我问你要不要来南昌考研时你纠结的表情吗？你还记得你曾经答应过我一辈子都只爱我一个人吗？"

她的话让我无言以对。

她说："其实你后来那么难过，不是你有多爱我，你只是不想输而已。对吗？"

我继续无言以对，开始难过起来，因为我觉得也许她说的是对的。

然后 G 说："你不知道我有多爱你，但是我必须走。"

7

我们再也没见过，但一句亲口说的对不起，让我松了口气。

我开始明白，不是 G 改变了我，是我从来就是那么混蛋而已。

不过，她至少让我明白，我们摆在嘴边的所谓的爱，只是对过去的事情、过去的人、过去的自己的一些否认而已。

也许，我们只是想赢一把。

8

昨天，有姑娘问我她是不是有问题。

她的故事大概是一个男人特别爱她，她其实也喜欢那个男人，但后来因为好几次本来会在一起的机会两人没在一起，所以那个男人就放弃了她，和别的女人约会了。

她特别想重新找回那个男人，所以她去了他们曾经一起听现场的酒吧，也去了他们去看话剧的地方。

但她每次出现都慢半拍，总是听他的朋友说他刚刚走。于是，这个女孩儿就一直寻找。

她问我她以后应该怎么办。

我说："忘记他，其实你已经不爱他了。你只是想赢而已。"

她说："也许是这样。我就是特别想让那个男人看到我和别人约会，然后让他伤心。"

我此刻特别平静。我知道，我们经常陷入爱情逃脱不出来，其实不是因为爱，而是因为我们无法承认自己伤害过一些人，也无法面对我们曾经被一些人伤害过。我们既不愿意面对混蛋的对方，也不愿意面对混蛋的自己，所以才会在分手之后一次次想搅乱对方的生活。

　　归根结底，都是我们对过去历史的不敢直面。

　　如果是以前，我会和那个姑娘说："好呀，下次我们约一下，当面羞辱一下那个男人就好了。"

　　而现在，我会告诉她："想想未来的自己吧，没有必要把时间浪费在过去的爱上。"👑

辽阔的人生，才能收获好的爱

/

1

有天在走廊抽烟时，朋友说到了"辽阔"，说当一个人活得足够辽阔，才能遇见并拥有最真切的爱。那样的爱，是不卑不亢，无须评估所得所失，无关自私无私，一切都是对的，一切都因辽阔而显得知足与简单。

我从没想过将"辽阔"和"爱"放在一起，当朋友说到时，我突然顿悟。是的，辽阔才能让你足够勇敢；辽阔才能让你看明白爱情；辽阔才能让你有力量抵抗离别；辽阔才能让你告别悲伤，马不停蹄去奔跑。

辽阔的人生，才能让你收获好的爱。

2

辽阔，首先是一个领域的概念。

因为辽阔，爱之人从未离开。

所谓领域，就是你真正拥有什么。

只有当你有能力时，你才能去想象爱情。

最幼稚的爱情是"我要什么"，那时的你狂野傲慢，给爱情无端增加了很多事故；稍微成熟的爱情是"我能要什么"，逃离身体那些本能的幻觉，抛弃所有的情欲，你是否可以给爱的人一个温暖的怀抱，一次完满的人生？真正成熟的爱是无所谓得到和得不到，依然平静地全身心地去付出。

因此，辽阔是有边界的。

比起能做到什么，知道自己不能做到什么反倒更重要。必须去突破自己，你的疆域才会越来越辽阔。

爱，因为付出而逐步辽阔。

在拓展疆土的路上，超越爱的是足够的顽强和勇敢。

3

辽阔，是坚强勇敢的源头。

因为你知道，在同一片天空下有那个你爱的人。

所以，不问结局，一切都值得。

我们所谓的星辰与大海，说的不仅是广阔的视野，不仅是置身宇宙眺望宇宙的同步感，更是一种"守望"，像在银河守望地球一样，守望那个蓝色的流泪的星球，守望你所爱之人。

因为这样的守望足够安静，于是你又很清楚地知道什么是比索取更重要的道义。

你开始明白，爱不是索取，不是强求，爱成为与照料、呵护同样内涵的词汇。你守望她，像守望一棵发芽的玫瑰，你会用心修理她的枝叶，给予她阳光，不计较期待，不求回报，支付所有。

辽阔的爱，一如守望一个不曾给你任何回声的星球。

4

因为辽阔，爱之人从未离开。

曾经有人问我，如何应对每一次告别？

无论是燕池唱的"不辞而别的朋友，一见如故的路人""所有的相遇都是久别重逢"，又或者是村上春树说的那句"每个人都有属于自己的一片森林，迷失的人迷失了，相逢的人会再重逢"，人间悲喜冷暖，免不得重遇相逢。

我们之所以害怕离别，就是害怕离别的那种"幻肢痛"。因为"幻肢痛"，每个人觉得和自己心爱的人离别时会感到窒息和无奈。

每一次分别都像一场截肢手术。

而后来，当意识到人生的辽阔后，我才找到了应对离别的方式。无论是面对父母、家人还是朋友，有些情感从未离开。那些分分合合的人，其实并没有离开，他们和我们都在同一片天空下。

5

足够辽阔的爱，就是简单。

一切努力其实都是为了简单。

一如真正自由的人生，就是不去做任何不想做的事。

你终于开始活出自己，终于不需要被任何人差使，终于回归到一些自我可以把控的简单的生活。

无论是"等到风景都看透，或许你会陪我看细水长流"，还是我"花落南山如白驹，相逢只怕来不及"，辽阔的人生，见识足够多了，才知道什么是好，什么是坏；才会知道人生的终点是什么。

于是，我们终于开始学习那些最朴素的人生法则，最简单的生活习惯。

那些来自父辈一直强求的真谛：简单就好。一日一夜，一茶一饭，时光缓缓有你陪伴。♛

懂爱，
才能看到人间的慈悲

Chapter 6

同频共振，才叫真爱

1 爱情是一场流动的盛宴

海明威在《流动的盛宴》一书开篇提道："如果你年轻时在巴黎生活过，巴黎会一生都跟随你，因为巴黎是一场流动的盛宴。"

从巴黎到上海，此时此刻，我正一个人走在路上。流动的公交车、出租车、人群等，这一切让我感觉熟悉而陌生。我在城市里奔跑，感受那个属于上海的独特节奏。

流动，是世界存在的本质。

2 一切美好的东西都有节奏

音乐、艺术、建筑、设计、空间，一切美好的东西都有节奏。

无论跑步还是游泳，无论飞行还是穿越，节奏存在的本身让身体充满愉悦。

从富有节奏的运动到爱，除身体行为本身的节奏外，任何爱和男女关系的递增其实也有节奏，只不过那样的节奏是心理节奏。

在心理节奏里，我们想念一个人，或者对某一个异性产生好感时，内心的节奏运动也会在潜意识里引发内源性大麻素的分泌。

这就是为什么说爱是一场灾难。

我们在真爱面前颤抖、窒息、眩晕与精神游离。

3 爱是一场冒险

如果说节奏无处不在，那么在爱和相遇的问题上，一切的故事和事故都是节奏本身的问题。比如遇见一个对的人或者错的人，在对的时间或者错的时间。

按照这样的推理，一切真爱都太难了。

所以，如何才能遇到真爱？

这或许是你无论刷几百次《真爱至上》都无法学会的道理。

不过，你可以掌握这个恋爱技巧"同频共振"。

4 同频共振才能相遇，同频共振才叫真爱

如果一个人与另一个人兴趣相同、脾气相投、看法相近、目标一致，那么他们很可能会成为一对要好的朋友。

对同频共振的人而言，距离和语言的多少并不重要。他们相遇是基于心与心的亲密接触而产生强烈共鸣，就算两个人不相见也能相互吸引。

有同频共振的人，因为做的事情、喜欢的事情一致，所以有了相遇的可能。因为行为节奏的一致性，他们也注定相遇。

观察两个同频共振的人，你会发现他们交流的话语虽然简短，却很有默契。而且他们有时会穿同样的服饰，玩同一款游戏，有同一种兴趣。所以我们经常说："最美的爱情就是空气中的默契，一切语言都是多余的。"

5 增强彼此间的"同频共振"

克林顿在竞选期间，曾乘轿车穿越了八个工业州。他在沿途走走停停，不时发表动情演说。

为寻找大众共鸣，他还严格按照形象设计师要求，随身携带心爱的萨克斯管。在演讲间隙吹奏带着浓厚乡

土气息的爵士音乐，以此获得大众支持，让民众充分领略自己友善、迷人的一面，从而达到首脑与选民心灵上的细腻沟通。

社会学里有一个经典的案例，是关于熟人怎样发展为伴侣的。一男一女之前的关系仅仅算认识，有次他们随旅行团去野外游玩时与队伍走散。为躲风避雨，两人躲进了不远处的山洞。经过这次接触后，两个人的关系一天比一天好，半年后竟然结为夫妻。

特殊的际遇与相似的经历增进彼此间的"同频共振"。

6 从"同频共振"到"相似性"，从旺盛热烈的高潮到保持激情

与其说"相遇都是久别重逢"，不如说"我们始终在寻找相似的自己"，寻找构成我们所有情感流浪的初心与起点。当我们告别一段感情，会说"性格不合"，于是我们又开始寻找另一个相似的人，世界上另一个我。

如果你问我如何才能增加找到"灵魂伴侣"的概率，我的逻辑就是"猎人逻辑"。就好比你在城市不断穿越、

不断奔跑、不断发现一样，任何选择都基于量的筛选，才有质的飞跃。所以说，害怕爱情失败的人永远不会获得爱情。

有一个逻辑叫"平行世界"，这会让我们相信真爱还是存在的。或许你我还没有遇到，但说不定在另一个时空的你我已经遇到。

那些离我们远去的人，那些我们爱过的人，会不会在另一个时空等着我们，而我们何时才能再相逢？👑

遇到很多人，还是只爱你

1

你有多久没体验爱情了？

我们有时质疑一见钟情，有时为彼此遇见而兴奋，有时又相互抱怨。

经常有姑娘吐槽说自己男友无趣，只爱工作，不浪漫，且不解风情。

其实，与其抱怨，为什么不去深入思考爱情的本质呢？

当你解读爱情，你会发现很多爱不叫爱情，充其量只是荷尔蒙的冲动而已。

我们既要懂得爱，也要懂得性。我希望每一个姑娘都有美好的归宿，我也渴望她们都有健康的爱与体谅对方的心。

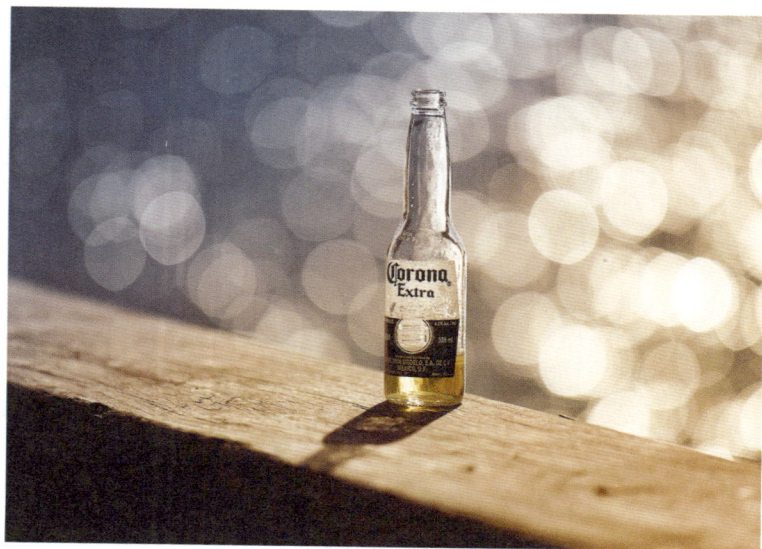

穿过青春所有说谎的日子，
那叶子和花朵在阳光下闪闪发亮。

2

故事主角叫大壮。

大壮是大高个儿，以前是某国企的篮球运动员，喝多后都会叫一个名字：妞妞。

妞妞不是一个女人，而是一条狗。是他的女人S养的。那时她们住通州，一楼带个大院子，有阳台和花园，种了很多向日葵。

而S是海军的女儿，父亲经常出海，从小没安全感。

两人在一次酒局认识。据说S的前男友是学生会主席，后来接新人时和小师妹在一起了，就甩了S。

酒局在我的酒吧。我开玩笑问大壮：今天你要带谁回家？

大壮当时是第一次见到S，就说：你回家吧。S不懂。

大壮就生气了。我从没见过他生气。S又有点儿烈女，非不走，结果大壮直接拉着姑娘走了。

他走后我发短信问他怎么了，大壮回：别闹了，她是我的女人。

3

我问大壮：搞什么鬼？

大壮说：她爸爸是我爸爸的下属，我以前见过她，很多年前。我看到她时，想到了我的童年。

后来两人真的好上了。

在通州一楼的院子里，他们还收养了一条叫阿花的土狗。而在一个清晨，S倒垃圾时发现小区门口有个刚出生的蝴蝶犬，也收养了，取名叫妞妞。

他们的爱情和狗有关。那时，大壮一月三千五百元，给狗打针，给狗找母狗喂奶，给狗看病。几个流程下来，钱都跑宠物医院了，大壮不得不一边给超市送货一边打球赚钱养狗。

S也是一神仙，天生缺乏安全感的她最后一共收留了七八条狗。S和大壮出门散步，七八条狗跟着，很拉风。

我有次见大壮，觉得他特疲惫，劝他说，自己日子都过不好，为什么还养那么多条狗呢？大壮的反应一点儿都不痛苦，反倒很幸福，说因为S喜欢啊，她是我女人啊，她开心就好。

4

虽一脸幸福，大壮后来还是很难过。

S 当时在出版社打散工，大壮收入不高，为了赚钱，他想去参加 CBA。有一次，内部选拔，他本来要去，结果妞妞生病。大壮就直接回家陪 S 照顾妞妞，错过了 CBA 的选拔。

接下来，大壮只能参加一些野鸡俱乐部的比赛，从北京打到沈阳，最后连迁西、盘锦之类的比赛都去了。就是人很努力，不能经常在家。结果，S 和前任藕断丝连了。

大壮一开始不知道，是听同租小伙子说的。大壮第一次接到电话，他笑笑，没事，我相信她，她是我的女人。

但两人还是分了，那次大壮从鞍山比赛回来，发现 S 搬家了，狗也带走了。那天夜里，他哭成另一条狗，他一直叫妞妞的名字。他不明白 S 为什么要走，他一点儿都不恨 S，也不打算去计较她做的一切，但她还是走了。

5

S 觉得自己对不起大壮，一直没有出现。

我们一共同的朋友跟我讲，大雄，你有没有想过，可能是 S 觉得跟大壮在一起好累，所以才不告而别。

这话我没和大壮说过，他每次喝醉后还是会念叨：姐姐。

朋友没多久去了日本，她走后，我也突然没有大壮的消息了。

那时还有 MSN，有天，朋友突然给我弹出一消息：在吗，大雄，S 出事了，她和她玩机车的朋友出车祸了，现在腿折了住院呢。你应该去看看她，你知道的，S 在北京没什么朋友的，北大三院。

我当时在樱花西街谈事情，结束后直接去了医院。

结果我看到，大壮就在旁边陪着 S。这一幕实在太荒诞了，到现在，我还记得那时医院的氛围。大壮走了出来，我们在楼道里抽烟。

我说，大壮你行啊，念念不忘啊。

大壮说，你知道的，我们经常打篮球总会腿受伤的嘛，我觉得自己比较有经验而已。

我问，S 状况怎么样了？

大壮说，躺个小百天吧。

我说，你心够大的啊。

大壮若无其事，她是我的女人，好与坏都是我的。

我想起那个年轻放荡的日子。在那刻，我真觉得爱情是一件愿赌服输的事。

我问他，接下来怎么打算？这么多年了，会结婚吗？

大壮回答，结不结无所谓，她是我女人啊，结不结都得扛。

6

我应该谢谢大壮。

他让我开始觉得"你是我的女人"真是一句很有正能量的话。

再美的情话都抵不过一句"你是我的女人"。

一如叶芝《随时间而来的智慧》所说的一样：爱其实就是一个寻找对的人的过程，是一个竭尽全力用自己所有力量去珍爱对方的过程。

当我们回忆过去的情感，那些酸甜苦辣与喜怒哀乐，我们长大了，我们老了，我们成功了，我们失败了，仿佛一切都不重要。毕竟到了最后，你总会慢慢发现，其实我们并没有自己想象中的那么贪婪，我们根本不需要太多的爱，我们，只愿得一人心。

　　那个人之外，你的女人之外的所有，剩下的那些碎片
化的记忆，其实都是爱情的事故，"虽然枝叶繁茂，根只有
一条；穿过我青春所有说谎的日子，那叶子和花朵在阳光
下闪闪发亮……"

　　在爱情中，无论自己还是对方，都是一个摸索的过程，
你们将面对的是情感、现实、生活，甚至是事业与命运的
各种磨难。当然也有艰辛之后的笑颜，爱从来就不是一件
容易的事。

　　在整个过程中，请务必相信你的眼光，相信你爱的人。
他可能因为不好意思而不擅长表达爱意；他很没趣，但并
不油滑。

　　当他对你开口说"你是我的女人"时，请务必在心里
给他留出位置，一个认为你是他女人的男人更值得期待。

　　毕竟，"我的女人"对于一个男人而言太深刻了，不仅
是面子问题，更是对未来命运的笃定。👑

懂爱的人，自然懂得人间的慈悲

1 期许你看到那些人间的慈悲

爱情里其实除了性，还有很多的事值得我们关注。

一个突然暴雨的午后，你跑去图书馆借书，看到她正在走廊上等待。你们都没带伞，就在雨中的走廊里对望。你不知道她从哪里来，也不知道下一次见她会是什么时候。

但磅礴的大雨让你有足够的时间浪费在她身上，所以你仔细看了她的头发、手臂、鞋子，那样的着装令你着迷。

之后，你再也没有见过她，她却成为你喜欢的女孩儿形象。正是因为追逐与她相似的气息，你找到你现在的女朋友。

这就是人间的慈悲。想起很多年前的你我相遇，更像是神迹。

2 那些渗透着人间慈悲的相遇，往往意味着更博大的爱。

我在第二次个展时展过一张兔子，是从英国回来后画的。开幕的时候我一个人安静地在展厅里待着，观察观众的反应。

当时看到一个男生在我那张兔子前站了很久，我很好奇。

我问他，你为什么会站在它跟前看那么久。他说，因为这只兔子让他想到了他的妹妹，但他妹妹现在已经走丢了。曾经听说是在南方卖机车，也曾听说去了印尼倒腾燕窝。

他问我可以拍照吗？我说，可以的。

他在我第三次个展的时候又来了，他和我说，他已找到他妹妹了。他把那张兔子的照片发到微博后，竟然有人留言说印象中有这只兔子，结果发现留言的人就是他的妹妹。

他妹妹现在在南京做图书管理员。他们很惊讶为什么我要画这只兔子。

我告诉他们，我小时候认识一个收废品的叔叔，他收回来的书里有一张兔子的照片。因为印象很深刻，所以我就画了。我不知道那张照片是不是他们的照片，但他告诉我，在那个很穷的日子里，那只兔子是他和妹妹唯一的玩具。

我一直想把那张画送给他们，等他们拥有自己的家的时候吧。

他们的故事在我看来，是慈悲，也是爱。

3 懂爱的人，自然会看到人间的慈悲

我有时想起爱过的女人，想到的不仅仅是思念，痛苦的也不仅仅是她不在我身边。让我真正慌张的是，我只能给予她们片刻的快乐或轻松，却无法把握她的一生。

这样的痛苦与失落感让我开始怀念父辈的爱情，开始羡慕不是"在一个大城市里做一件小事"而是"在一个小城市里做一件大事"。

我记得自己曾经特别喜欢逛北京的胡同。有一次，路过鼓楼附近，看到窗户外晾着的白球鞋，我特别感慨。一次简单而平静的人生，也同样值得赞赏；我曾经在棉花胡同里遇到一个老头和老太太，他们的孩子出国了，两人就坐在胡同里的沙发上，抚摸一只流浪猫。那个瞬间，温暖的阳光洒在他们的身上，成为一种歌颂。

我开始羡慕所有老得不能再老的爱，因为在那样的爱情里我看到另一种体面，是生命的体面。

我想起以前通州八里桥旧货市场里那个卖花的老太太，她的爱人在我认识她的时候就离世了。她每天精心装扮那些花花草草，试图把每一朵花都修饰得足够体面和美好。

　　我曾和她一起聊天。她一点儿都不悲伤，她认为自己悲伤并不是爱人所盼。当然，她也曾用了足够长的时间去遗忘他。不过后来她明白了，他在或不在，他给她的回忆都是她自己的，而她开个花店就是大家的。她需要用一种体面去化解内心对他的思念。

　　她尽可能做得很好，她总是对任何买花的人都足够热情体贴。

　　"你有没有发现，在那些花开花落的瞬间，都是时间？"她偶尔会在店门外抱起一只猫，和我聊天，"他会出现在每个期待的瞬间，你知道吗？"

　　老太太每次说到这点，我都半信半疑。

　　"只要我做到他期待的样子，他就会出现。不管我看不看得见他。"

　　做到他期待的样子，我开始理解老太太的自言自语。我此时此刻十分认同她的观点。

　　保持感恩、怜悯、担当与静观，不焦不躁，毕竟懂爱的人，自然会懂得人间的慈悲。♛

最深情的告白，就是长久地凝望

1

姑娘问我世上最美的情话是什么？

我回答，情话就是文字游戏，只有行为才是爱的全部。

文字如果不对特定对象、不在特定场合中使用，本身就是代码，像被侵袭的国土一样支离破碎。

2

从文字到美，从最美的情话到所谓的爱一个人。

如果说爱上一个人是源自美的吸引，那什么叫美呢？

美可能是不存在的，一切的喜好只存在于我们对某件事物的对抗性。说的是你和吸引你的事物的关系，你要么对抗它，要么征服它，要么不侵略它。美是一种"犯罪"。

一个苹果用来吃掉，可口而香甜，那叫美。苹果色彩本身鲜艳而诱人，对我们而言情感的诱惑也是美。抛弃苹果的味道，如果我们在桌子前一动不动地凝视苹果，这个行为本身，也是美。

3

凝视就是一种美。

艺术史上认为世界根本没有美与丑，只要你愿意在一个事物上花费时间，那个事物就不会不美，因为对任何丑的东西有了足够的尊重，就会是美。

一切事物，特别是被认为粗俗的、卑下的、低级的事物都有可能转化为美。

针对这一点，布迪厄引用过一段艺术家的话："在我们首演的舞台上，任何事物都不可能是淫秽的。歌剧中的芭蕾舞女、仙女、小妖精或女祭师，都保持了一种不可亵渎的纯洁性。"

4

不可亵渎的纯洁在我看来就是距离与凝视。

好比我们想起与爱人的第一次相见：时间像失落的珍

珠在岁月的尘埃里闪闪发光，你留给我们的微笑还是那么年轻。

我真的相信"那样的微笑也通过我的眼神抵达你的内心，因为我在凝视"。

这样的凝视就像某天你看到孩子的眼睛，那么清澈而善良。于是你会特别想告诉他们：人生和艺术一样，整个过程中抵抗的不仅是时间，生之欲、死之念，更重要的是抵抗万物的影响，克制生理本能的需求，以成为不被社会改造的形态。

5

"慎用你手里的机器"，纪录片导演小川绅介，像四季轮回生长的农作物一样心无旁骛地拍电影。冬寒后稻种变化、土壤土层改变、收割季节蜻蜓落在农民腰身上等，因为有了严谨的对待以及纯粹的凝视，这些都成为小川绅介镜头里的风物。

基于内心"根植于大地的深情"，小川说稻子是美丽的，它散发的光芒充满着情欲，这本身就像一部电影。对于凝视，小川做到了极致。

6

很多时候，我在喜欢的人面前，没有任何话语，只有长久的凝视。

与其说甜美的情话，不如选择纯粹的凝视。

我们知道，在这个漫长而静谧的凝视中，有一些淡淡的忧伤，忧伤之中还有无限的美好。

我们知道，在凝视的这几分几秒中，世界经历漫长寒冬的等待后迎来春天。在我们的凝视中大地开始慢慢苏醒，树叶变绿，鲜花盛开。

在那温暖而充满希望的岁月，有你，有我，真好。♛

在那温暖而充满希望的岁月，

有你，有我，真好。

美好的灵魂总会相遇，
我要用最真实的样子去见你。